入門 電気・電子工学シリーズ

第6巻

入門
ディジタル回路

岡本卓爾

森川良孝

佐藤洋一郎

著

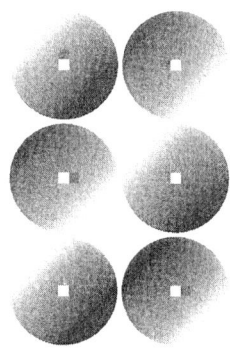

朝倉書店

入門 電気・電子工学シリーズ 編集委員

加 川 幸 雄	岡山大学教授
江 端 正 直	熊本大学教授
山 口 正 恆	千葉大学教授

『入門 電気・電子工学シリーズ』
刊行にあたって

　朝倉書店からは，大学，短大，高専学生のための電気電子情報基礎シリーズ(18巻)がすでに刊行され，テキスト，参考書として多くの学生諸君に利用されてきた．また，朝倉電気電子工学講座(21巻)，電気電子情報工学基礎講座(33巻)も好評を博している．したがって本シリーズの刊行が，屋上屋を架すきらいがないとしない．しかし，電気電子情報工学基礎シリーズは刊行からすでに20年が経ち，学生諸君をとり巻く環境も変わってきている．すなわち多くの大学では，いわゆるセメスター制に移行して，1つの科目，講義に割り当てられる時間が減少している．また，高校における教科のアラカルト化，大学入試科目の減少などにより，学生諸君の基礎科目の未習得，学力低下も昨今話題に上っている．

　本シリーズは，このような状況に対応すべく企画されたものである．従来，事実の記憶が教育の重要な位置を占めていた．大学入試のための数学の勉強が暗記であると言われているのはその最たるものであろう．しかし最も大切なのは，論理的思考の訓練であって記憶ではない．いまやコンピュータ時代である．コンピュータは文字通り計算機ではあるが，大部分は情報端末として，計算以外の記録，検索などに広く利用されている．人間の記憶の部分は，コンピュータの記録にまかせればよい．論理的展開の訓練を通して知恵を養い，新たな発展へつなげていくのが，大学における教育であり，より人間らしい営みではないだろうか．そのような観点から本シリーズでは各科目の内容をしぼり，執筆者の先生方には，勉強の過程で考え方が身につくように工夫していただいたつもりである．

　アメリカ合衆国はご承知のようにイギリスの植民地から分離独立した国である．同一の言葉が話されている国ではあるが，テキストをみると，大きな違いが目につく．アメリカのテキストは厚くて懇切丁寧に書かれており，自習ができるようになっている．そういえば，山ほど宿題がでるという話を聞いたことがある．これに対して日本のテキストは薄いにもかかわらず盛り沢山の内容である．ひいては情報や事実の羅列に陥りがちである．それに対してイギリスのテキストは，薄いが丁寧にわかりやすい論理で書かれてあり，したがって，対象はしばらざるをえないわけであるが，次の段階へつながる含みを持たせるように構成されている．それが成功したかどうかは読者諸君の判断に委ねるとして，本シリーズはそのようなイギリス式テキストを見習って企画された．

　本シリーズの企画は加川を中心に行い，タイトルと執筆者の選定依頼については，各委員それぞれ，手わけをして行った．いずれにしても本シリーズが，多くの学生諸君に御利用いただけることになれば，それに勝る幸はない．

　本シリーズの企画から刊行までお世話いただいた朝倉書店編集部諸氏に謝意を表する．

2000年春

編集委員しるす

まえがき

　パルス回路やディジタル回路に関する技術は，20世紀最後の四半世紀において飛躍的に発展し，コンピュータはもちろんのこと，高度の産業機械から家電製品に至るまであらゆる分野で広く利用されてきている．このため，かつては大学，高等工業専門学校などの電気・電子系学科の専売特許であったパルス回路やディジタル回路の講義がいまや大多数の工学系諸学科のカリキュラムに積極的に編入されるようになってきている．また，電気関連以外の多数の製造業においても，この種の技術が必要不可欠となり，社内でのパルス・ディジタル回路技術者の養成がしばしば要求されるようになってきている．しかし，パルス回路やディジタル回路を理解するためには，半導体物理，電気回路，線形電子回路，情報数学，場合によっては集積回路技術など広い範囲の予備知識が必要となるので，これが電気・電子系以外の学科のカリキュラム編成を難しくしたり，傍系社会人のパルス・ディジタル回路修得への挑戦を妨げたりする大きな要因になっているともいわれている．

　本書は上述した問題を解決する一助になればという思いと著者らの必要性に迫られてまとめたものである．執筆に際してはとくに以下の諸点に留意した．

1) 本書を理解するためには，高等学校で学ぶ程度の物理と数学の知識があれば十分であり，それ以外の知識は記述の途中で必要に応じて導入した．
2) 本書の内容は無数に存在するパルス・ディジタル回路のなかから極力基本的なもののみを精選し，とくにコンピュータハードウェアを理解するための予備知識となるように配慮した．
3) 記述に際しては，用語や知識の羅列は極力避けて回路原理の理解に力点を置き，思い切って平易な記述に努め，より専門的な技術修得を目指す

方々のための土台になるよう配慮した．

4）章末問題のほか，各章各節の記述の途中に多くの簡単な問題を挿入して，理解を容易にした．

以上からご理解いただけるように，本書はパルス・ディジタル回路を学ぶ人が最初に読むべき入門書として執筆した．とくに，大学の講義としてご利用いただく場合，半期2単位程度の利用に適している．先行して学習すべき科目はないので，履修時期をどの学年のどのセメスターに配置しても差し支えない．より高度の知識・技術を望まれる向きには，引き続き他の専門的成書を購読されることを推奨する．

　最後に，浅学非才を省みず執筆した拙著に対して，読者の方々のご叱正をお願いするとともに，執筆の機会を与えてくださった編集委員の諸先生方ならびに朝倉書店の方々に厚く御礼を申し上げる．

2001年3月

著者ら記す

目　　次

1. 半導体素子の非線形動作 ………………………………………………… 1
   1.1　ダイオード ………………………………………………………… 1
      1.1.1　構造と静特性 ………………………………………………… 1
      1.1.2　スイッチング特性 …………………………………………… 5
   1.2　バイポーラトランジスタ ………………………………………… 6
      1.2.1　構造と静特性 ………………………………………………… 6
      1.2.2　スイッチング特性 …………………………………………… 9
   1.3　MOSトランジスタ ……………………………………………… 12
      1.3.1　構造と静特性 ………………………………………………… 12
      1.3.2　スイッチング特性 …………………………………………… 15
   1.4　入力抵抗と出力抵抗 ……………………………………………… 17

2. 波形変換回路 …………………………………………………………… 20
   2.1　波形整形回路 ……………………………………………………… 20
      2.1.1　バイポーラトランジスタによる反転増幅回路 …………… 20
      2.1.2　CMOS回路 …………………………………………………… 23
   2.2　時間軸上の波形変換 ……………………………………………… 24
      2.2.1　微・積分回路 ………………………………………………… 24
      2.2.2　のこぎり波発生回路 ………………………………………… 27
   2.3　振幅軸上の波形変換 ……………………………………………… 30
      2.3.1　クリッパ ……………………………………………………… 30
      2.3.2　リミッタ ……………………………………………………… 31

		2.3.3 クランパ	32
		2.3.4 電圧比較回路	33

3. パルス発生回路 37
  3.1 無安定マルチバイブレータ 37
  3.2 単安定マルチバイブレータ 41
  3.3 双安定マルチバイブレータ 43
  3.4 水晶発振回路 46

4. 基本論理ゲート 48
  4.1 基本論理ゲートの種類とその表記法 48
  4.2 バイポーラ論理ゲート 50
    4.2.1 ダイオード論理ゲート 51
    4.2.2 TTL論理ゲート 52
    4.2.3 ECL論理ゲート 56
  4.3 MOS論理ゲート 57
    4.3.1 CMOS論理ゲート 58
    4.3.2 伝達ゲート 59
    4.3.3 CMOS3ステートバッファ 59
  4.4 基本論理ゲートの性能 60

5. 論理関数とその簡単化 65
  5.1 組合せ論理回路の定義 65
  5.2 論理演算とその性質 66
  5.3 積和標準形と和積標準形 69
  5.4 基本論理ゲートによる組合せ論理回路の合成 71
    5.4.1 完全系 71
    5.4.2 論理関数の表現と回路の複雑さ 72
  5.5 論理関数の簡単化 75
    5.5.1 カルノ図と主項 75

- 5.5.2 カルノ図による簡単化法 78
- 5.5.3 組合せ論理回路の実現法 80

6. 単純な組合せ論理回路 84
- 6.1 マルチプレクサとデマルチプレクサ 84
  - 6.1.1 マルチプレクサ 84
  - 6.1.2 デマルチプレクサ 86
  - 6.1.3 応用例 87
- 6.2 2進エンコーダと2進デコーダ 89
  - 6.2.1 2進エンコーダ 89
  - 6.2.2 2進デコーダ 91
- 6.3 コードコンバータ 91
  - 6.3.1 Gray コードコンバータ 92
  - 6.3.2 BCD コードコンバータ 93
  - 6.3.3 7セグメントデコーダ 95
- 6.4 コンパレータ 97
- 6.5 PLA 98

7. 演算回路 102
- 7.1 算術演算の原理 102
  - 7.1.1 数値の表現 102
  - 7.1.2 算術演算の原理 103
- 7.2 半加算器と全加算器 104
- 7.3 多ビット加減算器 105
  - 7.3.1 順次桁上げ加算器 106
  - 7.3.2 桁上げ先見加算器 107
- 7.4 乗算器 110
  - 7.4.1 基本的な乗算器 110
  - 7.4.2 配列型乗算器 112
- 7.5 算術論理演算装置 113

8. ラッチとフリップフロップ ... 118
- 8.1 ラッチ ... 118
- 8.2 フリップフロップとその種類 ... 122
  - 8.2.1 RSフリップフロップ ... 123
  - 8.2.2 Dフリップフロップ ... 124
  - 8.2.3 Tフリップフロップ ... 125
  - 8.2.4 JKフリップフロップ ... 125
- 8.3 マスタスレーブ形フリップフロップ ... 126
- 8.4 エッジトリガ形フリップフロップ ... 129
- 8.5 入力信号に対する制約 ... 130
- 8.6 基本論理ゲートを用いた無安定/単安定マルチバイブレータ ... 131

9. 順序回路の論理構造と機能表現 ... 135
- 9.1 順序回路の構造 ... 135
- 9.2 順序回路の機能表現 ... 138
- 9.3 順序回路としてのフリップフロップ ... 140
- 9.4 同期式順序回路の設計法 ... 143

10. 単純な順序回路 ... 149
- 10.1 並列レジスタ ... 149
- 10.2 シフトレジスタ ... 151
- 10.3 リップルカウンタ ... 154
- 10.4 並列カウンタ ... 157
- 10.5 シフトレジスタのカウンタへの応用 ... 161
  - 10.5.1 リングカウンタ ... 161
  - 10.5.2 ジョンソンカウンタ ... 162
  - 10.5.3 疑似ランダムパターン発生器[3] ... 163
- 10.6 FPGA ... 164

11. メモリ 168
- 11.1 メモリの分類 168
- 11.2 スタティック RAM 169
- 11.3 ダイナミック RAM 173
- 11.4 マスク ROM 178
- 11.5 プログラマブル ROM 180

12. インターフェース回路 184
- 12.1 競合処理回路 184
- 12.2 アナログ信号とディジタル信号の相互変換 187
- 12.3 DA 変換器 188
  - 12.3.1 重み抵抗型 DA 変換器 188
  - 12.3.2 梯子型 DA 変換器 189
- 12.4 AD 変換器 191
  - 12.4.1 逐次比較型 AD 変換器 192
  - 12.4.2 計数型 AD 変換器 192
  - 12.4.3 並列型 AD 変換器 193

演習問題解答 196

索 引 207

1

半導体素子の非線形動作

　実数のようにとり得る値が連続的である量を連続量，整数のようにとり得る値が離散的である量を離散量と呼ぶ．**アナログ回路** (analog circuit) は主として小さい振幅の連続量を取り扱う回路であるのに対して，**ディジタル回路** (digital circuit) は離散量を取り扱う回路である．また，非正弦波の大振幅波形を取り扱う回路のことをしばしば**パルス回路** (pulse circuit) という．パルス回路にはディジタル回路のほかにアナログ回路にもディジタル回路にも属さないのこぎり波（のこぎりの歯の形状をした波形）や台形波を生成するための回路も含まれる．パルス・ディジタル回路は，ダイオード (diode)，トランジスタ (transistor)，抵抗 (resister) などにより構成されるという点で，アナログ回路と類似しているが，ダイオード特性やトランジスタ特性の利用範囲が，入力と出力との間に線形関係が成り立たない非線形領域まで拡大されるという点で，アナログ回路と大きく異なっている．そこで本章では，パルス・ディジタル回路を学ぶための基礎として，ダイオードとトランジスタの非線形領域での動作について述べる．

1.1　ダイオード

1.1.1　構造と静特性

　p 型半導体と n 型半導体を格子構造を保ったままで，図 1.1(a) に示すように接合して得られる半導体素子を **PN 接合ダイオード** (PN junction diode) という．以下これを単にダイオードと呼び，同図 (b) の記号で表す．ダイオードの電流は正孔 (hole) と電子 (electron) の運動によって流れる．

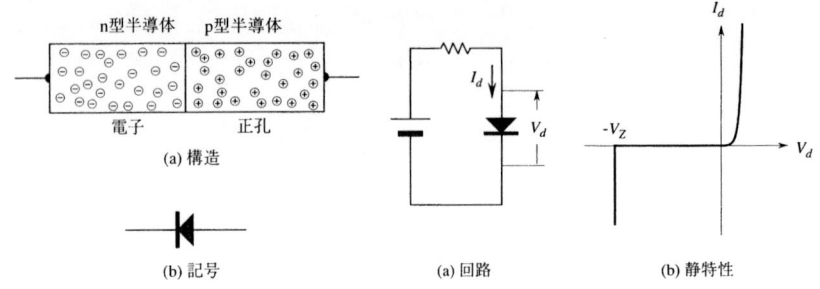

図 1.1　ダイオードの構造と記号　　図 1.2　ダイオードの静特性

図 1.2(a) のようにダイオードと抵抗を直列に接続した回路では，ダイオードの電圧–電流特性が同図 (b) のような曲線となる．ダイオードの電圧 V_d と電流 I_d は矢印の向きを正にとるものとする．電圧および電流の単位は，通常それぞれ，ボルトおよびアンペア（またはミリアンペア）であるが，本書では記述を単純化するために誤解の恐れがない限り，以下これらを省略する．同図 (b) の特性はダイオードの**静特性** (static characteristics) と呼ばれ，とくに $V_d > -V_Z$ （V_Z については後述）の場合は次式により与えられる[1]．

$$I_d = I_{sat}(e^{V_d/V_{th}} - 1) \tag{1.1}$$

V_{th}, I_{sat} は正の定数である．とくに，I_{sat} は**逆方向飽和電流** (reverse saturation current) と呼ばれており，シリコン半導体で作られるダイオードでは例えば $10^{-14} \sim 10^{-13}$[A] の値をとる．上式から明らかなように，$V_d > 0$ であれば $I_d > 0$ であり，V_d の増加とともに I_d が急激に増加する．これに対して，$0 \geq V_d > -V_Z$ であればほとんど電流が流れず，I_d は $-I_{sat}$ 付近の値をとる．前者の電流のことを**順方向電流** (forward current)，後者の電流のことを**逆方向電流** (reverse current) という．また，順方向および逆方向の電流が流れているときの V_d の値を，それぞれ，**順方向電圧** (forward voltage) および**逆方向電圧** (reverse voltage) と呼ぶことがある．

ダイオード両端の電圧を $V_d = -V_Z$ まで下げると，急激に負の電流が流れるようになる．これはいわゆる**雪崩降伏** (avaranche breakdown)[1] に基づいて生じた現象であって，V_Z を**降伏電圧** (breakdown voltage) または**ツェナー電圧**

(Zener voltage) という．

ダイオード両端からみた抵抗値 r_d は次式で定義される．

$$r_d = \frac{V_d}{I_d} \tag{1.2}$$

図 1.2 からわかるように，$V_d > 0$ とき r_d は非常に小さく，$-V_Z < V_d < 0$ のとき非常に大きい．前者を**順方向抵抗** (forward resistance)，後者を**逆方向抵抗** (backward resistance) と呼ぶことがある．

ダイオードを，図 1.3(a) に示すように，抵抗 R を介して電源 E に接続し，E を変化させる場合を考えよう．この回路では次の関係が成立することは明らかである．

$$E = RI_d + V_d \tag{1.3}$$

上式のことを**負荷方程式** (load equation) という．また，E，R の値を固定したとき，V_d と I_d との間には直線関係が成り立ち，これにより決まる V_d–I_d 面上の直線のことを**負荷直線** (load line) という．$E > 0$ の場合，負荷直線は図 1.3(b) の L_0 のようになる．同図 (a) の回路の場合，V_d，I_d は式 (1.1) と (1.3) の双方を満たさなければならないから，このときの V_d および I_d の値はそれぞれ同図 (b) の点 P_0 の電圧 V_{d0} および電流 I_{d0} となる．P_0 のことを**動作点** (operating point) という．動作点が第一象限にあれば，ダイオードには順方向電流が流れ，V_d がある程度以上になると r_d は非常に低い値を示す．このような状態を**導通状態**という．シリコンダイオードの場合，V_{d0} は $0.6 \sim 0.7$[V] の値

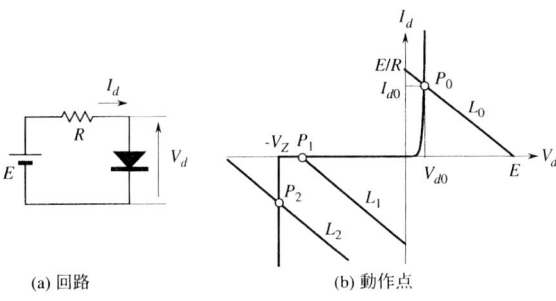

(a) 回路　　(b) 動作点

図 **1.3** ダイオードの負荷直線と動作点

をとる.

$E < 0$ とすると負荷直線は L_1 または L_2 のようになる. L_1 および L_2 に対する動作点は，それぞれ，P_1 および P_2 となる. $-V_Z < E < 0$ の場合, E が変動しても $I_d \simeq -I_{sat}$ となり, r_d は非常に大きな値を示す. このような状態を**遮断状態**という. また, $E < -V_Z$ の場合, E が変動しても $V_d \simeq -V_Z$ となり, いわゆる定電圧特性を示す.

例えば図 1.4 の回路において, $E > V_Z$ とした場合, $R_L \gg R$ であれば, R_L の電圧 V_o はほぼ V_Z となる. この状況は図 1.2(b) から明らかなように $E > V_Z$ の範囲で E が変動しても変わらない. すなわち, この回路は定電圧回路として利用できる.

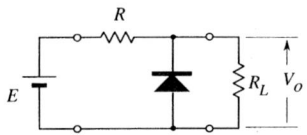

図 **1.4** ダイオードを用いた定電圧電源回路

[**問 1-1**]　図 1.4 の回路で, $E > V_Z$ とする. R を固定したままで, R_L を小さくしたとき, どこかの時点で定電圧特性を示さなくなる. この境界となる R_L の値を求めよ.
ヒント：ダイオードを除外したとき $V_o = V_Z$ となるときの R_L を求めよ.
略解: $R_L = V_Z R/(E - V_Z)$.

ダイオードの逆方向電流は順方向電流に比して無視できる程度に小さい. このため, パルス・ディジタル回路では, V_d の正負によって電流を導通させたり遮断させたりする目的で広く利用される. また, ダイオードの順方向電圧は, 図 1.2(b) の特性からわかるように, I_d が変化してもある程度以上の値である限りさほど変化しない. このような性質は回路各部の電圧を順方向電圧分だけ降下させる目的でしばしば利用され, とくにレベルシフトダイオード (level shift diode) と呼ばれている.

1.1.2 スイッチング特性

前項で述べた静特性では，暗黙のうちに電圧と電流は極めて緩やかに変化すると仮定し，急激な変化に伴う動作についてはまったく触れなかった．しかし，電源電圧 E が急激に変化した場合，ダイオードに流れる電流はそれに応じて急激には変化することができず，ある期間遅れて追随する．このような遅れに関する特性を**スイッチング特性** (switching characteristics) という．

電圧を加えていない PN 接合ダイオードの接合面付近では，キャリア（p 型では正孔，n 型では電子）の存在しない領域が生成され，これによって等価的な容量が形成される[1]．このような容量のことを**空乏層容量** (depletion layer capacitance) という．また，PN 接合ダイオードに順方向電圧を加えると，接合面付近には多数の**少数キャリア** (minority carrier：p 型では電子，n 型では正孔) が蓄積され，これまた容量の役割を果たす．このような容量のことを**蓄積容量** (storage capacitance) という．ダイオードには両者の容量の総和が存在することになるが，この容量のことを**接合容量** (junction capacitance) という．$I_d > 0$ のとき，接合容量に蓄えられている電荷 Q_d はダイオード電流にほぼ正比例することが知られている．すなわち，順方向電圧が大きければ大きいほど蓄積電荷が大きく，接合容量の値 $C_d (= Q_d/V_d)$ も大きくなる．抵抗を介して加えている電圧が急変したときのダイオードの電圧や電流は，この接合容量に支配されて一瞬のうちに変化することができない．図 1.5(a) の回路で，ダイオード記号は上述した容量の存在しない（式 (1.1) の静特性を満たす）理想的なダ

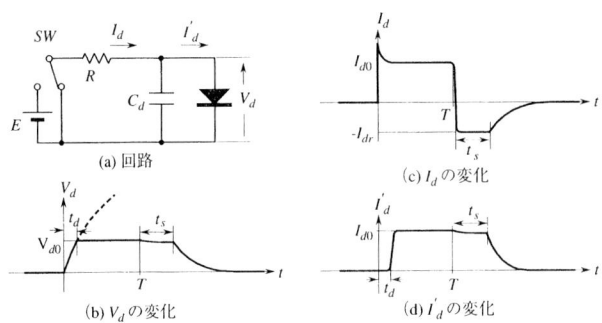

図 1.5　ダイオードの大振幅動作

イオードを表し，C_d は上述の容量を表す．すなわち，ダイオードの動作はダイオード記号と C_d により表されている．スイッチ SW が図の状態に保持されているとき，C_d の両端の電圧は 0 となっている．時刻 $t=0$ に SW を左側に倒すと，抵抗 R には電流が流れ始めるが，この瞬間には電流の大部分が C_d の充電に利用されて，理想ダイオードにはほとんど流れない．しかし，C_d が充電されて電圧が上昇するにつれて，応分の電流が流れるようになる．そして，V_d が図 1.3(b) の動作点 P_0 に達すると C_d の充電が完了し，図 1.5(b), (c), (d) に示すように，V_d, I_d および I'_d（図 1.5(a) 参照）はそれぞれ V_{d0}, I_{d0} および I_{d0} になる．この時刻が $t=t_d$ である．

次に，時刻 $t=T\;(>t_d)$ で SW を再び右に倒したとする．このとき，C_d には $Q_{d0}=C_d V_{d0}$ の電荷が蓄えられているので，この電荷が放電してしまうまで V_d, I_d は 0 にならない．これが図 1.5(b), (c), (d) の $t=T$ 以降の波形で表されている．とくに，$t=T$ から t_s の期間 V_d, I_d がほとんど変化しないのは，ダイオード特性の非線形性（図 1.2(b) 参照）によるものである．このメカニズムはいささか複雑であるので，より専門的な成書に譲ることにする[1]．t_s のことを**蓄積時間** (storage time) という．時刻 $T+t_s$ 以降においては，V_d, I_d, I'_d は徐々に減少して 0 に戻る．t_d や t_s が小さいほどダイオードが高速に動作することは明らかである．

[問 1-2] 図 1.5(c) における順方向電流 I_{d0} および逆方向電流の最大値 I_{dr} を求めよ．ただし，V_{d0} は既知とせよ．
略解：$I_{d0}=(E-V_{d0})/R,\quad I_{dr}=V_{d0}/R$

1.2 バイポーラトランジスタ

1.2.1 構造と静特性

バイポーラトランジスタ (bipolar transistor) は 2 つの接合面を有する半導体素子で，図 1.6(a), (b) に示すように npn 型と pnp 型がある．ダイオードの場合と同様に電流を担うキャリアが電子と正孔の 2 種類であるため，バイポーラ

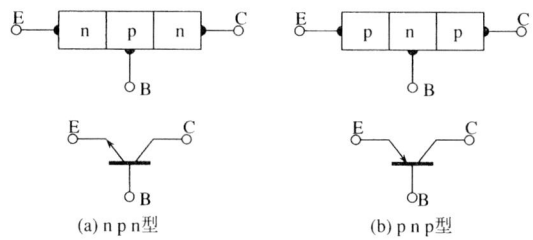

(a) ｎｐｎ型　　　(b) ｐｎｐ型

図 1.6　トランジスタの構造と記号

トランジスタと呼ばれている．各半導体から引き出された端子のことを同図のようにそれぞれ**エミッタ** (emitter：E)，**ベース** (base：B)，**コレクタ** (collector：C) という．エミッタ側半導体とコレクタ側半導体は，幾何学的寸法と不純物濃度（正孔または電子の濃度）が異なること以外同じである[1]．また，npn 型と pnp 型のトランジスタの記号は上図のようにエミッタにつけた矢印の向きにより区別する．矢印の向きはエミッタ接合における順方向電流の向きに一致している．以下では主として npn 型についてのみ説明するが，電圧，電流の向きを変えればそのまま pnp 型にも当てはまる．

図 1.7(a) の回路において，エミッタを基準にしたベース電圧およびコレクタ電圧をそれぞれ V_{BE} および V_{CE}，コレクタおよびベースに流れ込む電流をそれぞれ I_C および I_B とする．図 1.7(b) に I_B をパラメータとしたコレクタ電圧－コレクタ電流特性（静特性）の例を示す．V_{CE} の増加とともに I_C が急激に

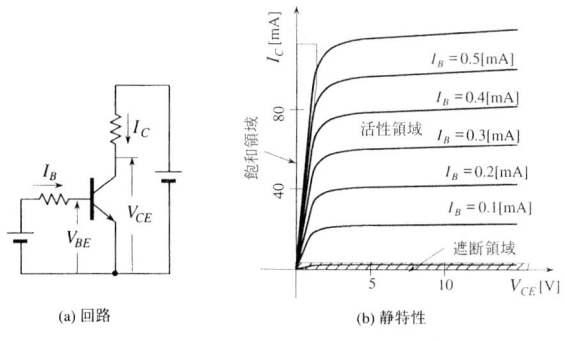

(a) 回路　　　(b) 静特性

図 1.7　トランジスタの静特性

増加する縦軸近傍の動作領域を**飽和領域** (saturation region)，コレクタ電流がほとんど流れない横軸近傍を**遮断領域** (cutoff region) といい，これ以外の領域を**活性領域** (active region) という．活性領域では，ベース電流を一定に保持したとき，V_{CE} が変化しても I_C がほとんど変化しない．この領域におけるコレクタ電流 I_C のベース電流 I_B に対する比 I_C/I_B を大信号動作における**エミッタ接地電流増幅率** (common emitter current amplification ratio) といい，β で表す．β は I_B に依存し，いわゆる小信号動作における β と異なることに注意する．

トランジスタを図 1.8(a) に示すように，抵抗 R_C を介して正電源 E に接続した場合の入力電圧–出力電圧の関係について考える．同図下側に示した斜線部は回路を実装するときの接地電位を表し，通常 0 である．同図の回路から V_{CE}，I_C の間には次式が成立し，ダイオードの場合と同様に負荷方程式と呼ばれる．

$$E = R_C I_C + V_{CE} \tag{1.4}$$

同図 (b) にこのトランジスタの静特性と負荷直線を示している．$V_i = 0$ のとき，動作点は P_1 にあり，トランジスタは遮断状態となり，$V_o = E$ となる．次に，V_i をある正の電圧にすると動作点は P_2 となり，V_o は次式で与えられる．

$$V_o = E - \beta R_C I_B \tag{1.5}$$

また，上式においてベース–エミッタ間の順方向電圧を無視して，$I_B = V_i/R_B$

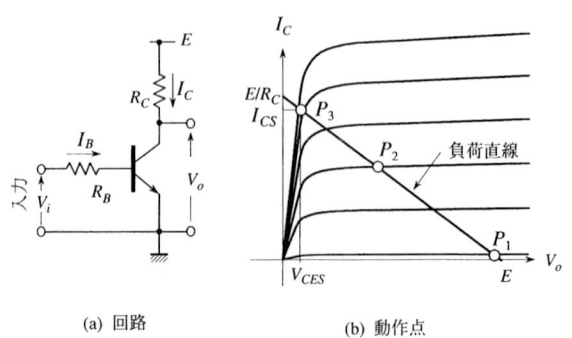

(a) 回路　　　　(b) 動作点

図 **1.8**　トランジスタの負荷直線と動作点

とすれば次式が得られる.

$$V_o = E - \beta \frac{R_C}{R_B} V_i \tag{1.6}$$

上式から，V_i が 0 から増加すれば V_o が減少し，トランジスタの動作点は図 1.8(b) の負荷直線上を右下から左上に移動することがわかる.

さらに V_i を上昇させると動作点は P_3 に達し，$V_o = V_{CES} \simeq 0$ となる．しかし，これ以上 V_i を上昇させても動作点はほとんど移動せずに P_3 付近に留まる．したがってコレクタ電圧も V_{CES} のままほとんど変化しない．V_{CES} のことを**コレクタ–エミッタ間飽和電圧** (collector-emitter saturation voltage) という．また，このときのベース–エミッタ間電圧 V_{BES} を**ベース–エミッタ間飽和電圧** (base-emitter saturation voltage) といい，R_C の値によって多少変化する.

[問 1-3] 式 (1.5) を導出せよ．
ヒント：式 (1.4) を変形せよ．

1.2.2 スイッチング特性

トランジスタのスイッチング特性を説明するために，図 1.9(a) に示すような回路を考えよう．ベース–エミッタ間の構造はダイオードと同じであるから，この接合には接合容量が存在する．以下この接合容量を C_B で表す．ベース–コレクタ間にも同様の理由で接合容量が存在するが，同図のような回路の動作では，値が小さく省略してよい．

いま，スイッチ SW は図の位置にあるものとする．ベース電流が流れないため，トランジスタは遮断状態にあり，コレクタ電流が流れず，$V_{CE} = E$ となっている．このような状態から時刻 $t = 0$ において SW を左側に倒したとき，ベース–エミッタ接合に（ベースからエミッタに）流れる電流 I'_B は，ダイオードの場合と同様に，C_B の充電に伴って徐々にしか上昇しない．しかし，C_B の電圧がさらに上昇するとやがて十分なベース電流が流れるようになる．このときのベース電流がトランジスタを飽和させるのに十分大きな値 I_{BS}，すなわち，$\beta I_{BS} > I_{CS}$ であるとすれば，コレクタには大きな電流が流れて，$V_{CE} = V_{CES} \simeq 0$ となる．

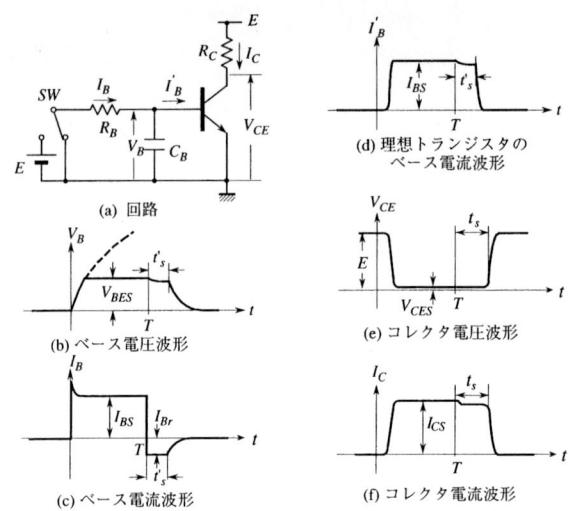

図 1.9 トランジスタの大振幅動作

V_B, I_B, I'_B, V_C および I_C の波形を，それぞれ，図 1.9(b), (c), (d), (e) および (f) に示す．V_{CE}, I_C も I_B に追随して変化していることがわかる．

次に，$t = T$ で SW を再び右に倒したとする．C_B の電圧は 0 に向かって下降を開始する．このため，V_B, I_B および I'_B の変化には，ダイオードの場合と同様に蓄積時間 t'_s が存在する．また，I_C の変化については，V_B が下降を開始しても，トランジスタが飽和から脱するまでの期間，すなわち，I_B が I_{CS}/β に下降するまでの期間さらに不変に保たれる．図 1.9(e), (f) の t_s ($> t'_s$) は両者の効果の合成により生じる遅れ時間であって，ダイオードの場合と同様に，蓄積時間と呼ばれている．

高速性の要求される回路では，上述した蓄積時間のほかに波形が変化する時間的割合も問題となる．図 1.10 は図 1.9(e) の出力波形を振幅変化のみに注目して示したものである．t_r は V_{CE} が $0.1E$ から $0.9E$ まで上昇するために要する時間であり，t_f は $0.9E$ から $0.1E$ まで下降するために要する時間である．t_r および t_f のことをそれぞれ**立上り時間** (rising time; t_r) および**立下り時間** (falling time; t_f) という．t_r, t_f が小さければ，回路が高速に動作することは明らかである．

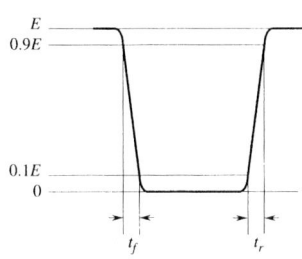
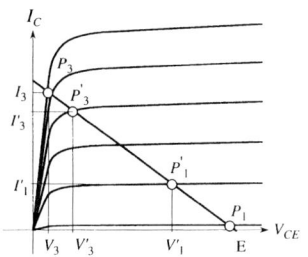

図 1.10 立上り時間と立下り時間　　図 1.11 活性領域での 2 値動作

　回路の高速性を追求するための 1 つの方法として，トランジスタを常に活性領域で動作させ，蓄積時間から開放する方法が知られている．図 1.11 はこの方法を負荷直線上の動作点として示したものである．P_1，P_3 は図 1.8 の例の場合の動作点であるが，この方法の場合には P_1'，P_3' のように動作点が活性領域に選ばれる．このようにすれば，動作点の移動に際して原理上蓄積時間がなくなるので高速に動作する．**4.2.3** ではこのような原理に基づいた論理回路について述べる．

[**問 1-4**]　図 1.8(a) の回路において，動作点を図 1.11 の P_1，P_3 に選ぶ場合と P_1'，P_3' に選ぶ場合を考える．後者の場合，動作点の移動に際して蓄積時間が存在しないことのほかに，立上り時間，立下り時間も短縮される．波形の立上りと立下りの勾配は動作点をどこにとっても等しく，かつ直線的になるものとして，何倍短縮されるかを示せ．
略解：$(E - V_3)/(V_1' - V_3')$．

　バイポーラトランジスタは，次に述べる MOSFET が出現するまでの間，コンピュータを構成するための主要素子として利用された．しかし現在では，消費電力が大きいため，特殊な回路にしか利用されなくなっている．

1.3 MOSトランジスタ

1.3.1 構造と静特性

1.2で述べたバイポーラトランジスタはベース電流によってコレクタ電流を制御するような素子として理解することができる．これに対して，電圧によって電流を制御するような素子も種々知られている．**MOS**(metal oxide semi-conductor)**FET**(field effect transistor) はその中で最も広く利用されている素子であって，例えば図 1.12(a) のような構造[1,3,4] をしている．MOSFET では，p 型半導体基板上に設けた 2 つの n 型半導体から端子を引き出してソース (source; S) およびドレイン (drain; D) とし，n 型半導体に挟まれた p 型基板表面上に絶縁体を介して第三の電極を設けてゲート (gate; G) としている．ソース–ドレイン間は，p 型基板とゲートの電圧を等しくする限り，npn 構造であり，ダイオードの逆接続と同じである．このため，ドレイン–ソース間に電圧を加えても電流は流れない．しかし p 型基板に対してゲートの電圧をある程度以上の正の値とすると，2 つの n 型半導体間の絶縁物直下にチャンネル (channel) と呼ばれる電子の層が形成され，ドレイン–ソース間に電流が流れるようになる．そしてこの電流はゲート– p 型基板間の電圧により増減する．このような MOSFET を略称 nMOS という．nMOS は同図 (b) の記号で示される．これに対して同図 (a) の半導体を n, p 逆にした MOSFET も広く利用されており，pMOS という．pMOS の記号を同図 (c) に示す．

通常の使用では基板とソースは同電位に保たれる．いま，図 1.13 (a) に示すような回路を考えてみよう．ゲート電圧 V_{GS} を種々に変化させたときのドレ

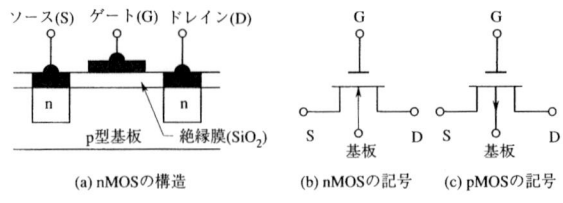

図 1.12 MOSFET の構造と記号

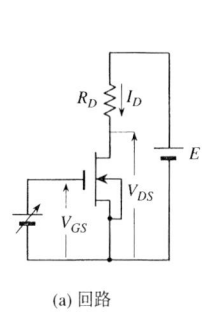
(a) 回路

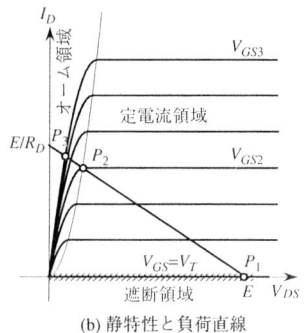
(b) 静特性と負荷直線

図 1.13　n 型 MOS トランジスタの静特性

イン電圧 V_{DS} とドレイン電流 I_D の関係を同図 (b) に示す．$V_{GS} = 0$ のときには $I_D = 0$ であるが，正の向きに V_{GS} を増加させ，ある値 V_T になるとドレイン電流が流れ始める．V_T のことをしきい値電圧 (threshold voltage) という．V_{GS} をそれ以上増加させると I_D も増加するが，V_{GS} を一定に保った場合には，V_{DS} をある値以上の範囲で変化させても I_D はほとんど変化しない．他方，ゲートは半導体に対して絶縁されているので，$I_G = 0$ である．

上図の遮断領域は，$V_{GS} < V_T$ のときの V_{DS}, I_D の存在範囲で，とくに $I_D = 0$ である．また，**オーム領域** (ohmic region) は，$V_{GS} > V_T$ かつ V_{DS} と I_D が比例関係に近い領域であって，バイポーラトランジスタの飽和領域に対応している．これに対して**定電流領域** (constant current region) は，$V_{GS} > V_T$ かつ V_{DS} に無関係に I_D 不変の領域であって，バイポーラトランジスタの活性領域に対応する．各領域におけるドレイン電流は次式で与えられることが知られている[1]．

遮断領域：$V_{GS} < V_T$

$$I_D = 0 \tag{1.7}$$

オーム領域：$V_{GS} \geq V_T$, $V_{DS} < V_{GS} - V_T$

$$I_D = K\left\{(V_{GS} - V_T)V_{DS} - \frac{V_{DS}^2}{2}\right\} \tag{1.8}$$

定電流領域：$V_{GS} \geq V_T$, $V_{DS} \geq V_{GS} - V_T$

$$I_D = \frac{K}{2}(V_{GS} - V_T)^2 \tag{1.9}$$

ただし，K は半導体の性質や構造によって決まる正の定数である．

次に，静的な大振幅動作を考えてみる．図 1.13(b) の直線は，同図 (a) の回路の負荷直線である．動作点 P_1 では $I_D = 0$ であるが，V_{GS} を V_T から徐々に上げていくと，動作点は負荷直線上を右下から左上に向かって移動し，$V_{GS} = V_{GS2}$ のときに定電流領域とオーム領域の境界点 P_2 に達する．しかし，さらに上げて $V_{GS} = V_{GS3}$ にすると，動作点は定電流領域からオーム領域に突入してドレイン電流が飽和し，動作点はわずかに左上に移動するだけである．

[問 1-5] 図 1.13(b) の動作点 P_2 における V_{GS} を求めよ．
ヒント：図 1.13 の負荷直線と式 (1.8) と式 (1.9) を用いて次式を導け．

$$\frac{KR_D}{2}(V_{GS2} - V_T)^2 + (V_{GS2} - V_T) - E = 0$$

略解：$V_{GS2} = V_T + (\sqrt{1 + 2KR_DE} - 1)/KR_D$．

図 1.13(a) の回路の抵抗は MOSFET に置き換えることもできる．このような目的で利用される MOSFET のことを **MOS 負荷** (MOS load) といい，図 1.14(a) と (b) の 2 つの方式がある[4]．T の右下に付加した添え字 D および L はそれぞれそのトランジスタが駆動用および負荷用であることを表している．(a) の回路では，T_L と T_D が同じ型の MOSFET であり，図 1.13 と同様に $V_T > 0$

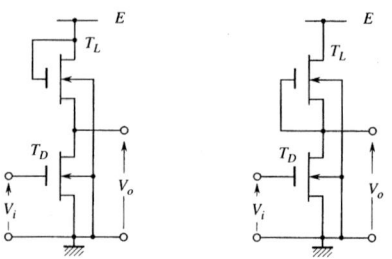

(a) エンハンスメント型負荷方式　(b) ディプレッション型負荷方式

図 **1.14**　nMOS 負荷

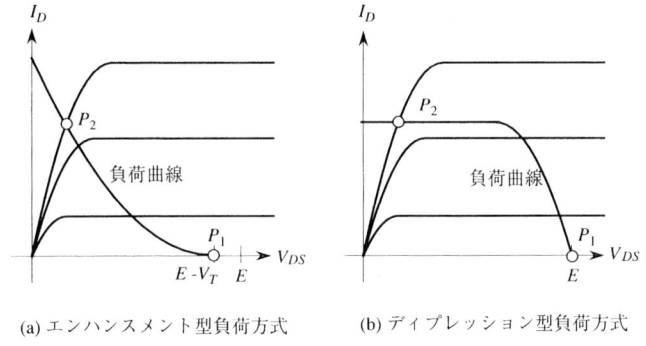

図 1.15　nMOS 負荷の負荷曲線と動作点

である．このような MOSFET をエンハンスメント (enhancement) 型という．これに対して (b) の回路の T_L は，$V_{GS} = 0$ のときに定電流領域のほぼ中央で動作する（$V_T < 0$）ような MOSFET である．このような MOSFET をディプレッション (depletion) 型という．以下本書で述べる MOSFET は，とくに断らない限りエンハンスメント型である．

図 1.15 に，図 1.14 の回路の負荷曲線を示す．負荷曲線とは，抵抗負荷における負荷直線に相当するものである．同図 (a) の方式では，動作点 P_1 での出力電圧が $E - V_T$ となるが，負荷曲線が直線に近いので，図 1.13 の R_D にそのまま置き換えることができる．(b) の方式では出力電圧値を電源電圧 E にすることができ，しかも，動作点 P_1 を P_2 に移動させる場合，広い範囲の電圧に対して定電流特性を示すので，大きな負荷電流を取り出すことができる．(b) の回路はメモリの制御回路などで利用されている．

1.3.2　スイッチング特性

1.2 で述べたバイポーラトランジスタでは電流によってコレクタ電流が制御されているのに対し，MOSFET では電圧によってドレイン電流が制御されている．このため，大振幅のスイッチング動作においても，キャリア蓄積効果は存在しない．しかし，ゲート-基板間あるいはゲート-ソース間には寄生的に生じる浮遊容量が存在し，この充放電に要する時間が素子の高速動作を阻害する．以下この浮遊容量のことを**ゲート容量** (gate capacitance) といい，C_{GS} で表

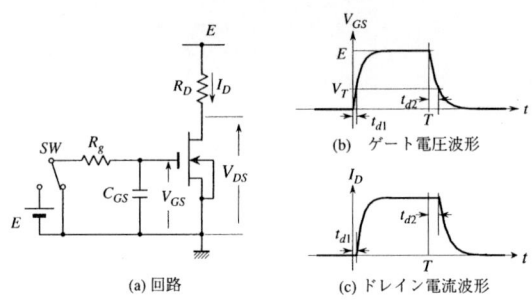

図 1.16 nMOS の大振幅動作

す. 図 1.16(a) にゲート容量を考慮した MOSFET の回路例を示す. MOSFET は容量の存在しない理想的なものであり, 実際には C_{GS} を含めた動作を考えなければならない. スイッチ SW が図のような位置にある場合, $V_{GS} = 0$ で C_{GS} に電荷は蓄積されていない. 時刻 $t = 0$ に SW を左に倒したのち, 時刻 $t = T$ に再び右側に戻すものとする. R_g は電源の内部の抵抗である. $t = 0$ 以降, C_{GS} は R_g を介して充電され, 最終的には V_{GS} は E に達する. また, $t = T$ 以降, E に充電された C_{GS} の電荷は, 抵抗 R_g を介して放電し, V_{GS} はやがて 0 となる. このときの V_{GS} の変化を同図 (b) に示す.

抵抗 R_g は通常比較的小さな値であるが, 容量 C_{GS} が比較的大きいために, V_{GS} の立上り時間および立下り時間は無視できない. MOSFET に流れるドレイン電流 I_D は, $V_{GS} = V_T$ で流れ始めるが, ドレイン–ソース間容量が無視できる場合には同図 (c) のようにほとんど V_{GS} の波形に支配されるようになる. しかし, 通常はドレイン–ソース間にも何らかの容量が存在し, I_D の波形は V_{GS} よりさらに鈍ることになる. 負荷抵抗 R_D を MOSFET に置き換えた場合の動作も, 定性的には上の場合とほぼ同じである.

[問 1-6] 図 1.16(b) の立上り部分はどのような式で表現されるか.
略解: $V_{GS} = E(1 - e^{-t/(R_g C_{GS})})$.

nMOS と pMOS は, 構造が単純である上に, 両者を利用すれば大多数の回路が MOSFET のみで実現できるので, 集積化に適している. とくに, nMOS

と pMOS を対にして作られる CMOS (**2.1.2** 参照) は，消費電力が極めて少なくて済み，現在ディジタル回路として最も広く利用されている．MOSFET の欠点は，バイポーラトランジスタに比して動作速度が遅いことであるが，最近では改良によりこれもかなり解消されてきている．また，MOSFET のゲート容量を積極的に利用した回路として，ダイナミックメモリ (**11 章**参照) がある．これは MOS 構造を利用しなければ実現できないユニークな回路であって，ダイナミック RAM(dynamic random access memory) として広く利用されている．

1.4 入力抵抗と出力抵抗

回路の入力端子から回路側を見込んだ抵抗のことを**入力抵抗** (input resistance) といい，R_{in} で表す．また，回路の出力端子から回路側を見込んだ抵抗のことを**出力抵抗** (output resistance) といい，R_{out} で表す．

例として，図 1.17(a)，(b) の回路を考えよう．(a) の回路の R_{in} は，入力端子 a–b 間に電圧 E が加えられているとき（ベース–エミッタ間抵抗を無視）ほぼ R_B となる．また，(b) の回路の R_{in} は，入力電圧の大きさに無関係にほとんど無限大となる．他方，同図 (a) および (b) の回路の R_{out} は，ともに出力端子 c–d 間の電圧が E のとき最大となり，それぞれ，R_C および R_D となる．

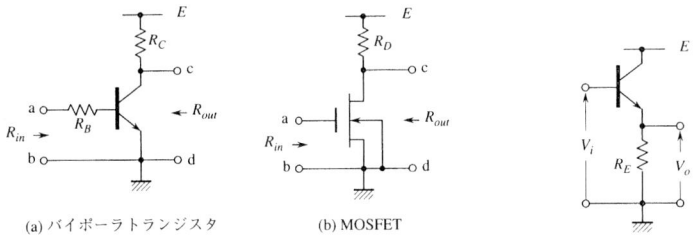

(a) バイポーラトランジスタ　　(b) MOSFET

図 1.17　反転増幅回路の入出力抵抗　　　図 1.18　エミッタフォロワ

上の定義から明らかなように，回路の入力抵抗が小さければ小さいほど多量の電流が入力に流れ，多量の電力を消費することになる．このことから，入力

抵抗は回路を駆動するために要する消費電力の目安となる．図 1.17 の例から，バイポーラトランジスタを駆動するには応分の電力が必要であるが，MOSFET を駆動するには電力がほとんど不要であることがわかる．

次に，出力抵抗の物理的な意味について説明する．回路の出力端子から外部に電力を取り出す場合には，出力端子間に負荷抵抗が接続される．図 1.17 の回路の端子 c–d 間に R_L を接続した場合，(a)，(b) いずれについても，入力電圧が E なら R_L の電流は 0 になるので，外部に取り出せる電力も 0 となる．しかし，入力電圧が 0 なら，いずれの場合もトランジスタが遮断状態となるので，(a) および (b) の回路の c–d 間の電圧は，それぞれ，$ER_L/(R_C + R_L)$ および $ER_L/(R_D + R_L)$ となる．このことは，トランジスタのコレクタまたはドレインと電源との間に挿入された抵抗（R_C あるいは R_D）が小さいほど，端子 c–d 間から多量の電力が取り出せることを意味している．

[問 1-7]　図 1.17(a) の回路において c–d 間に抵抗 R_L を付加するものとする．a–b 間の電圧を 0 とするとき，R_L に供給される電力を求めよ．
略解：$(R_L E^2)/(R_C + R_L)^2$．

最後に，エミッタフォロワ (emitter follower) と呼ばれる特殊な回路の入出力抵抗について触れておく．回路構成を図 1.18 に示す．入力 V_i（$> V_{BES}$）が与えられたとき，V_o は入力値からトランジスタのベース–エミッタ間電圧 V_{BE} を差し引いた値 $V_i - V_{BE}$ となる．また，このときの入力抵抗はほぼ βR_E，出力抵抗は R_g/β となる[2]．ただし，R_g はエミッタフォロワを駆動する信号源の抵抗であるが，図には示されていない．この回路は，とくに，出力抵抗の高い回路の出力を入力抵抗の低い別の回路の入力に接続するとき，これらの回路の中間に挿入して緩衝器として利用される．本書においても，**4.2.3** で述べる ECL の回路などで利用する．

文　献

1) 東辻浩夫：工学基礎　半導体工学, pp.86-138, 培風館（1993）.

2) 樋口龍雄, 江刺正喜：電子情報回路 I, pp.153-168, 昭晃堂 (1989).
3) 高木茂孝：MOS アナログ電子回路, pp.1-19, 昭晃堂 (1998).
4) 榎本忠儀：CMOS 集積回路——入門から実用まで——, pp.8-52, 培風館 (1996).

演 習 問 題

[1] 図 1.3 の回路で，ダイオードの動作点が P_0 となるように電源電圧 E と抵抗 R が決められているものとする．いま，このダイオードを図 1.19 のように 3 個のダイオードで置き換えたとき，抵抗 R を流れる電流の大部分は，ダイオード D_1 のみに流れることになる．この理由を説明せよ．ただし，D_1, D_2, D_3 は図 1.3 のダイオードと同じ特性をもつものとする．

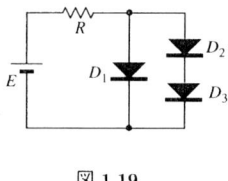

図 1.19

[2] 図 1.8(a) の回路で，コレクタ-エミッタ間に抵抗 R_L を新たに負荷として挿入したとき負荷方程式はどのような式で与えられるか．また，R_L を R_C より十分大きな値から徐々に小さくするとき，負荷直線は同図 (b) においてどのように変化するか．

[3] 図 1.16(a) の回路で，ドレイン-ソース間に大きな容量 C_{DS} が存在し，ゲート-ソース間の容量 C_{GS} が無視できるとする．ゲート-ソース間に振幅 E の方形波入力を加えたとき，出力波形はどのように変化するか．出力波形を図示した上で，立上り時間および立下り時間に着目して説明せよ．ただし，立上り時間および立下り時間に比して方形波入力の時間幅は十分長いものとする．

[4] バイポーラトランジスタと MOSFET の特色をまとめよ．

2

波形変換回路

　与えられたパルス波形を別のパルス波形に変換することを波形変換操作という．波形変換操作は，波形整形操作，時間軸上での波形操作および振幅軸上での波形操作に大別される．波形整形操作は波形の崩れたパルス波をもとに戻すための操作である．時間軸上での波形操作はパルス波形を時間とともに振幅の変化する波形に変換するための操作であり，振幅軸上の波形操作は，与えられた波形に対して振幅方向の変換を施すための操作である．これらの操作は，いずれも容量や抵抗などの線形受動素子とダイオードやトランジスタなどの非線形能動素子とを利用して実現される．本章では，紙面の都合で基本的な操作を行うための回路のみを取り扱うことにする．

2.1　波形整形回路

　図 2.1 に示すように，雑音が重畳したり，何らかの原因により振幅の小さくなったりした方形波を破線のように急峻なエッジをもつ方形波に直すことを**波形整形** (waveform shaping) という．波形整形回路はトランジスタを大振幅動作させることにより実現することができ，ディジタル回路の分野ではしばしば反転増幅回路がこのための基本的な回路として使われる．ここではバイポーラトランジスタと MOSFET による反転増幅回路について述べる．

2.1.1　バイポーラトランジスタによる反転増幅回路

　図 2.2 はバイポーラトランジスタを用いた大振幅反転増幅回路であって，図 1.8(a) と同じ回路である．入力 V_i が E のとき，**1.2.1** で述べた V_{CES} を無視

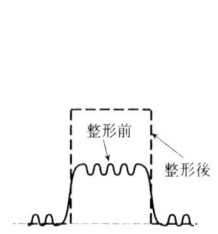
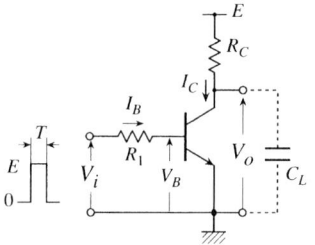

図 2.1 方形波パルスの整形   図 2.2 トランジスタ反転増幅回路

すれば，ベース電流 I_B，コレクタ電流 I_C および出力電圧 V_o は次式で与えられる．

$$\left.\begin{aligned} I_B &= \frac{E - V_{BES}}{R_1} \\ I_C &= \frac{E}{R_C} \\ V_o &= 0 \end{aligned}\right\} \quad (2.1)$$

また，$V_i = 0$ のとき，トランジスタは遮断状態となり，I_B, I_C, V_o は次のようになる．

$$\left.\begin{aligned} I_B &= 0 \\ I_C &= 0 \\ V_o &= E \end{aligned}\right\} \quad (2.2)$$

結局，入力としてパルスを加えたとき，出力には極性の反転したパルスが現れる．したがって，V_i が E より小さい場合でもトランジスタが十分飽和するように R_1 の値を選定すれば，図 2.1 のような高レベル側電圧の低下したパルスに対しても出力側での振幅を E まで再生することができる．**4.1** で述べる基本論理ゲートはすべてこの種の波形整形機能を有している．

しかし，本来 0 であるべき低レベル側電圧が雑音などで V_{BES} 以上に上昇した場合，式 (2.1) のベース電流が流れて，波形整形が不可能となる．そこで，このような入力波形を整形する場合には，しばしば，図 2.3 (a) のように，R_1 とベースとの間にダイオードを付加してこのベース電流を阻止する手法がとられる．D_1 が付加したダイオード，D_2 がベース–エミッタ間のダイオードである．両者のダイオード特性が等しいものとすれば，式 (2.1) の V_{BES} が $2V_{BES}$ と

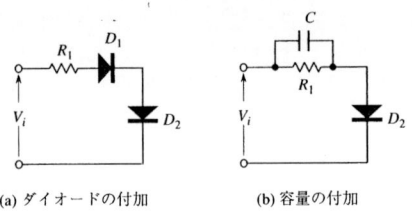

(a) ダイオードの付加　　(b) 容量の付加

図 2.3　波形整形のための付加回路

なり，低レベル側電圧の上昇分が $2V_{BES}$ 以下なら整形が可能となる．このように，振幅方向に劣化した波形をもとに復元することを**振幅再生**という．

次に，入力波形の時間軸方向の整形について述べる．反転増幅回路においては，本来図 1.9 のような立上り時間および立下り時間が存在するが，入力波形の劣化がこれを超えるような場合には，しばしば，図 2.3(b) のように R_1 と並列に容量 C を付加して整形する．このような容量のことを**スピードアップ容量** (speeding-up capacitance) という．C を付加した場合，パルス入力に対するベース電流は，図 2.4(a) 実線のように，入力の急変時のみに大きくなるので，出力波形が同図 (b) 実線のように改善される．

コレクタ-エミッタ間に，図 2.2 の破線で示すような容量 C_L が存在し，これが大きい場合には，上に述べた振幅再生や遅れ時間補償がなされたとしても，さらに次のように出力波形が劣化する．V_i が 0 から E に変化したとき，トランジスタは瞬間的に飽和領域に突入し，出力は瞬時に降下する．しかし，その後 V_i が再び 0 に下降したとき，負荷容量 C_L のために出力電圧は直ちには変化せず，図 2.5 のように指数関数的に上昇する．この期間の出力電圧 V_o は次式

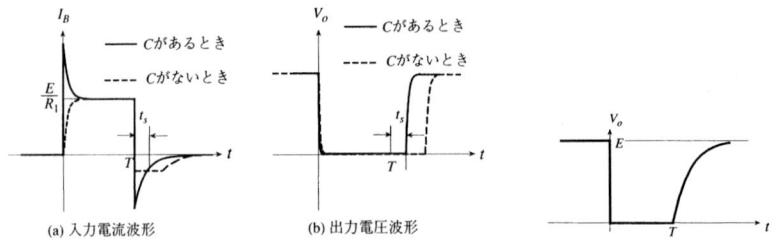

図 2.4　スピードアップ容量の効果　　　図 2.5　容量負荷時の出力波形

により表現される．

$$V_o = E\left(1 - e^{-(t-T)/\tau}\right), \quad \tau = C_L R_C \qquad (2.3)$$

上式で与えられる τ のことを，時間的に変化する割合を示すという意味で，**時定数** (time constant) という．

[問 2-1]　式 (2.3) を導出せよ．
ヒント：電源から R_C と C_L の直列回路に流れる電流に関する微分方程式をたてて解け．

　立上り時間および立下り時間の大きい波形に対する波形整形には，**2.3.4** で述べるシュミットトリガ回路が有効である．

2.1.2　CMOS 回路

　nMOS と pMOS を図 2.6(a) のように接続した回路を **CMOS** (complementary MOS：略して CMOS) 回路と呼ぶ．CMOS 回路ではゲート同士を結線して入力端子とし，ドレイン同士を結線して出力端子としている．

　入出力特性を図 2.6(b) に示す[3]．V_{T_n} および $-V_{T_p}$ は，それぞれ，同図 (a) の MOSFET T_n および T_p のしきい値電圧である．$V_i = 0$ のとき，T_n が遮断，T_p が導通となって $V_o = E$ である．V_i を徐々に上げ V_{T_n} より大きくすると T_n

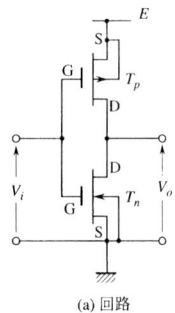
(a) 回路

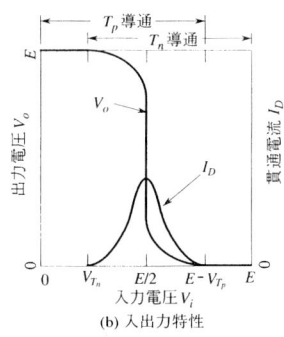
(b) 入出力特性

図 2.6　CMOS 回路

も導通し，V_o が低下し始める．$V_i = E/2$ では両 MOSFET が定電流領域で動作し，V_o は $E/2$ 付近の電圧になる．さらに V_i を上げると T_p が遮断状態となり，最終的に $V_i = E$ で $V_o = 0$ となる．結局，図 2.6(a) の CMOS 回路は反転増幅器として動作する．T_p, T_n 双方が同時に導通状態になるのは，図 2.6(b) に示すように $V_{T_n} < V_i < E - V_{T_p}$ の区間のみであり，これ以外の区間では $I_D = 0$ である．前者の区間において電源から接地に向けて流れる電流のことを**貫通電流**という．以上のことから，CMOS 回路では振幅 E のパルス波形で駆動したとき消費電力が極めて小さくなる．また，回路の入出力特性は，同図(b) のように $E/2$ 付近で急峻に変化するので，雑音や電源電圧変動に対する余裕も大きく，振幅軸方向には高い波形整形機能を有している．

他方，パルス入力に対する時間遅れは，ゲートの結合部と接地間あるいはドレインの結合部と接地間に存在する容量に支配され，図 2.7 のように示される．入力パルスがこの立上り時間や立下り時間を超えて劣化している場合には，CMOS 特有の高い増幅率によって大幅に改善される．

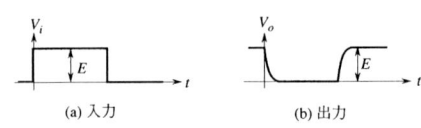

図 2.7 CMOS インバータの大振幅動作

2.2 時間軸上の波形変換

2.2.1 微・積分回路

a) 微分回路

抵抗と容量からなる図 2.8(a) の回路に方形波パルスを加えた場合を考える．時定数 $\tau = RC$ が方形波パルスの時間幅 T に比して十分小さいとき，この回路のことを**微分回路** (differential circuit) と呼ぶ．この呼称は出力波形が入力パルスの微分波形に似ていることからつけられたものである．

入力電圧を 0 に保持したとき，容量の両端の電圧は 0 となっている．$t = 0$

2.2 時間軸上の波形変換

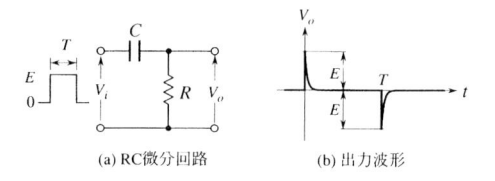

(a) RC微分回路　　(b) 出力波形

図 2.8　微分回路と入出力波形

に入力電圧 E を加えると，容量の端子電圧は瞬時に変化できないので，その直後に $V_o = E$ となる．しかし，容量は時間の経過とともに充電されるので，V_o は時定数 $\tau = RC$ で指数的に 0 に向かって減少し（図 2.8(b) 参照），

$$V_o = Ee^{-t/\tau}, \quad 0 \leq t < T \tag{2.4}$$

で与えられる．また，$t = T$（$\gg \tau$）に再び入力電圧が 0 に戻ると，その直後に $V_o = -E$ となり，以後式 (2.5) に従ってもとに戻る（図 2.8(b) 参照）．

$$V_o = -Ee^{-(t-T)/\tau}, \quad T \leq t \tag{2.5}$$

[問 2-2]　微分方程式を解くことにより式 (2.4)，(2.5) を導け．

次に，図 2.8(a) の回路の入力 V_i として図 2.9(a) のような周期的方形波を与えてみよう．初期状態では容量に電荷はないものとする．上に述べた結果から，$0 \leq t < T_1$ の期間での出力は次式で与えられる．

$$V_o = Ee^{-t/\tau}, \quad 0 \leq t < T_1 \tag{2.6}$$

$T_1 \gg \tau$ が満たされない場合，$t = T_1$ において C は電圧 $Ee^{-T_1/\tau}$ に充電されているが，V_i が 0 になると，一瞬 V_o も E だけ降下し，その後は式 (2.7) に従って指数関数的に 0 に向かって上昇する．

$$V_o = E(e^{-T_1/\tau} - 1)e^{-(t-T_1)/\tau}, \quad T_1 \leq t < T_1 + T_2 \tag{2.7}$$

$t = T_1 + T_2$ 以降について同様に解析を続けると，時間が十分経過した時点で，1 周期内の C の充電電荷量と放電電荷量が等しくなる．すなわち，周期 $T_1 + T_2$

(a) 入力波形

(b) 出力波形 ($\tau \ll T_1, T_2$ の場合)

(c) 出力波形 ($\tau \gg T_1, T_2$ の場合)

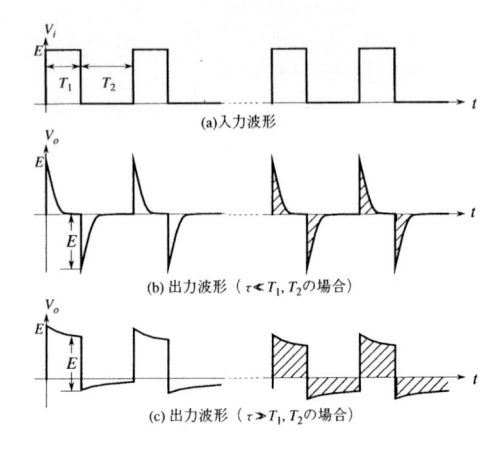

図 2.9 周期的方形波に対する入出力波形

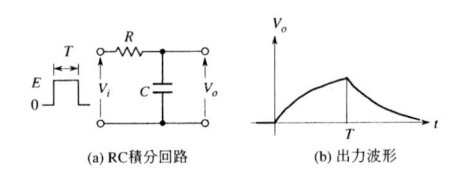

(a) RC積分回路

(b) 出力波形

図 2.10 積分回路と入出力波形

で波形がくり返されることになる．このような状態のことを**定常状態** (steady state) という．$\tau \ll T_1, T_2$ および $\tau \gg T_1, T_2$ の場合の波形を，それぞれ，図 2.9(b) および (c) に示す．斜線を施した部分が周期的波形の部分で，正負の領域の面積は互いに等しくなって，出力 V_o の平均値は 0 となる．(b) は微分回路の出力であるが，(c) は微分回路の出力ではない．後者は C の値を積極的に大きくして得られた波形であって，このような回路はしばしば入出力間での直流成分を遮断する目的で利用される．

b) 積分回路

図 2.8(a) の回路の容量と抵抗の位置を入れ替えた回路を図 2.10(a) に示す．時定数 $\tau = RC$ が入力方形波パルスの時間幅 T に比して十分大きいとき，この回路のことを**積分回路** (integral circuit) と呼ぶ．

上に述べたように，積分回路は微分回路の抵抗と容量を入れ替えたものであ

るから，積分回路の出力波形は図 2.9(a) の入力波形から出力波形を差し引いたものに等しい．このことに注意すれば，V_o は次式で与えられ，

$$\left.\begin{array}{rcl} V_o &=& E(1-e^{-t/\tau}), \quad 0 \leq t < T \\ V_o &=& E(1-e^{-T/\tau})e^{-(t-T)/\tau}, \quad T \leq t \end{array}\right\} \quad (2.8)$$

同図 (b) のように示される．$t \ll \tau$ なら，式 (2.8) 第 1 式は $V_o \simeq Et/\tau$ と近似でき，時間の経過とともに直線的に増大していく．積分回路と呼ばれるのは，この波形が丁度 V_i の積分値に比例した形になるからである．τ を大きくすれば，比例関係の成立する範囲が広くなる．

周期的方形波入力に対する出力波形も微分回路の場合と同様に考えればよい．図 2.11 にこの状況を示す．τ が大きい場合，近似的に三角波となることがわかる．

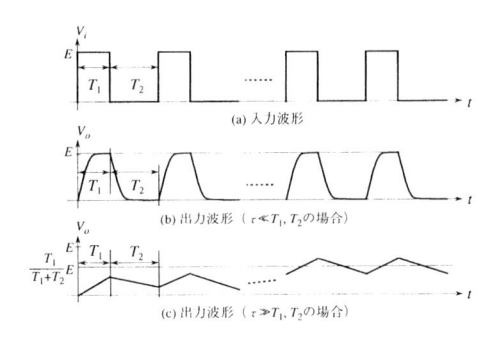

図 2.11 周期的方形波に対する入出力波形

[問 2-3]　図 2.11 において，定常状態における出力電圧の平均は $ET_1/(T_1+T_2)$ で与えられることを示せ．

ヒント：積分回路では入力波形と出力波形の直流成分が保存される．

2.2.2 のこぎり波発生回路

2.2.1 で述べた積分回路によれば三角波を発生することができるが，実際に

は高精度を期待するのは無理である．そこで，高精度の直線性の要求されるオシロスコープなどの時間軸発生回路では，しばしばミラー積分回路やブートストラップ回路が利用される．

a) ミラー積分回路

2.2.1 で述べた積分回路では，時定数を大きくしたとき三角波の直線性はよくなるが，その分だけ振幅が小さくなってしまう．図 2.12 に示すミラー積分 (mirror integration) 回路では，実際の容量が等価的に増加するとともに，出力の振幅も増加する．

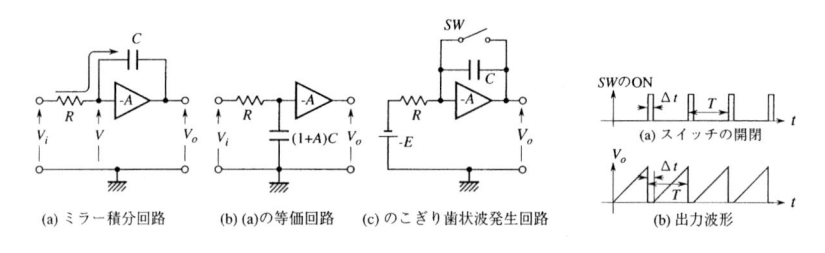

図 2.12 ミラー積分によるのこぎり波発生回路

(a) ミラー積分回路　(b) (a)の等価回路　(c) のこぎり歯状波発生回路

図 2.13 入出力波形

(a) スイッチの開閉　(b) 出力波形

図 2.12(a) に示した三角形の記号は増幅器を示す．A は増幅器の電圧増幅率を示し，その前に付された "-" 記号は入出力が反転することを意味する．この増幅器は**演算増幅器** (operational amplifier) とも呼ばれており，A は $10^3 \sim 10^4$ であり，入力抵抗が大きく，出力抵抗が小さい．したがって，抵抗 R を流れる電流 I は同図の矢印のように C に流入すると考えてよい．このとき，次の微分方程式が成り立つ．

$$I = C\frac{d}{dt}[V - V_o] = C(1+A)\frac{dV}{dt} \qquad (2.9)$$

ただし，V は増幅器の入力電圧であり，$V_o = -AV$ を満たす．上式よりこの回路では容量 C が等価的に $(1+A)C$ 倍されていることがわかる．このことから図 2.12(a) の回路は，同図 (b) のような等価回路に書き直すことができる．積分回路の時定数も $\tau = (1+A)CR$ となって，出力波形の直線性が改善される．また，V が増幅器により A 倍されるので，V_o は十分な振幅になる．

実際ののこぎり波発生回路では，図 2.12(c) に示すように入力として一定の

電圧 $-E$ を印加しておき，容量に並列にスイッチ SW を接続したものが用いられる．図 2.13(a) に示すように T 毎に Δt ($\ll T$) だけ SW を閉じると，そのときだけ容量の電荷が放電され，図 2.13 (b) に示すような出力波形が得られる．SW を MOSFET に置き換えてパルス波で制御すれば，この回路は方形波からのこぎり波への波形変換操作のための回路と考えることができる．

　直線性が要求されない場合には，図 2.12(a) の増幅器をバイポーラトランジスタや MOSFET を用いた反転増幅器に置き換えてもよい．

[問 2-4]　図 2.12(c) の回路で T を固定したまま C の値を増減したとき，図 2.13(b) の出力波形はどのように変化するか．

b) ブートストラップ回路

　ミラー積分回路と並んで広く知られているのこぎり波発生回路にブートストラップ (boot strap) 回路がある．この原理を図 2.14 に示す．同図 (a) は図 2.10 と同じ積分回路であるが，既に述べたように，出力電圧が上昇するにつれて容量に供給される電流が減少し，波形の直線性が低下する．同図 (b) は，出力電圧 V_o と等しい可変電圧源を V_i と直列に挿入して，この問題の改善を図った理想的な回路である．これによれば，容量を充電する電流は式 (2.10) のように出力電圧に関係なく一定となり，したがって，式 (2.11) のような出力が得られることになる．

$$I = \frac{(V_i + V_o) - V_o}{R} = \frac{V_i}{R} \qquad (2.10)$$

$$V_o = \frac{1}{C}\int_0^t I dt = \frac{V_i}{CR}t \qquad (2.11)$$

　図 2.15 に実際のブートストラップ回路の一例を示す．T_r は容量 C の端子電圧を低出力抵抗で取り出すためのエミッタフォロワである．C_B は図 2.14 の電圧 V_i に対応する容量で $C \ll C_B$ を満たすように大きく選ばれる．スイッチ SW が閉じると $V_o = 0$ になるとともに C_B 両端の電圧は $E - V_D$（ただし V_D はダイオード順方向シフト電圧）に安定する．SW が開くと C の端子電圧が RC の時定数で上昇を開始し（T_r のベース電流を無視），これに伴って T_r のエ

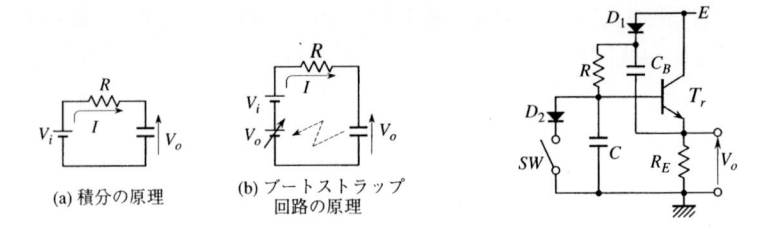

図 2.14 ブートストラップ回路の原理 　　図 2.15 実際のブートストラップ回路

ミッタ電圧も上昇する．この際，C_B 両端の電圧は，$C_B \gg C$ ゆえ $E - V_D$ に保持されて（D_1 は遮断状態），式 (2.10) および式 (2.11) が満たされる．この回路も，ミラー積分回路と同様，SW を制御する方形波パルスからのこぎり波への変換回路と考えることができる．

2.3 振幅軸上の波形変換

与えられた波形に対して振幅方向のみ（時間に無関係）の操作を施すことを振幅軸上の波形変換という．この種の変換を行うための基本回路にはクリッパ，リミッタ，クランパ，コンパレータなどがある．

2.3.1 クリッパ

与えられた波形から基準レベル以下および基準レベル以上の部分を除去した波形を，それぞれ，図 2.16(a) および (b) に示す．前者のような処理を下限ク

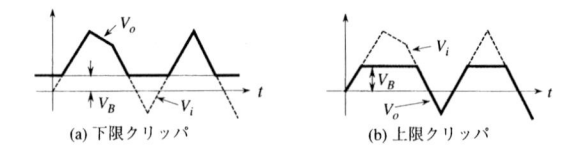

図 2.16 クリッピング操作

リッピング，後者のような処理を上限クリッピングという．また，下限クリッピングや上限クリッピングを行うための回路を総称して**クリッパ** (clipper) と

いう．図 2.17 に下限クリッパの例を示す．同図 (a) の回路では，入力電圧 V_i が基準電圧 V_B より小さいとき，ダイオード D に逆方向電圧が掛かるので，V_o は V_B となるが，V_i が V_B より大きいとき，D に順方向電圧が掛かるので，V_i はそのまま出力され，ダイオードの順方向電圧を無視すると，$V_o = V_i$ となる．すなわち，図 2.16(a) のような処理が実行される．

[問 2-5]　図 2.17(b) の回路が同図 (a) の回路と同じ機能をもつことを説明せよ．

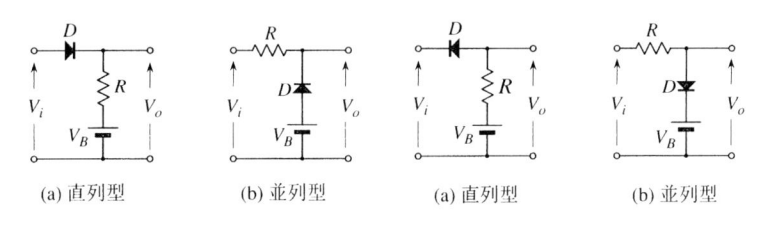

図 2.17　下限クリッパの回路　　　図 2.18　上限クリッパの回路

図 2.18 に上限クリッパを示す．下限クリッパと比較してダイオードの向きが逆になっていることに注意すれば，これらの回路の動作は容易に理解できよう．

2.3.2　リミッタ

入力波形の上部と下部を同時に切り取ることのできる回路のことをリミッタ (limitter) という．入出力波形の例を図 2.19 に示す．また，リミッタの回路例を図 2.20 に示す．いずれも上限クリッパと下限クリッパとの組合せにより実現されている．$V_{B1} < V_{B2}$ とする．同図 (a) の回路では，$V_i < V_{B1}$ のとき D_1 が遮断，D_2 が導通となるが，$R_1 \ll R_2$ に選ばれるので，$V_o \simeq V_{B1}$ となる．$V_{B1} < V_i < V_{B2}$ のときには，D_1，D_2 がともに導通状態となり，$V_o \simeq V_i$ となる．さらに，$V_{B2} < V_i$ のとき，D_1 および D_2 がそれぞれ導通状態および遮断状態になり，$V_o \simeq V_{B2}$ となる．結局このリミッタは，図 2.20(c) のような入出力特性をもち，図 2.19 のような波形操作機能をもつ．この機能を利用すれば三

角波から台形波が生成できる.とくに $V_{B2} - V_{B1}$ が小さい場合,リミッタをスライサ (slicer) と呼ぶこともある.

図 2.19 リミッタの操作

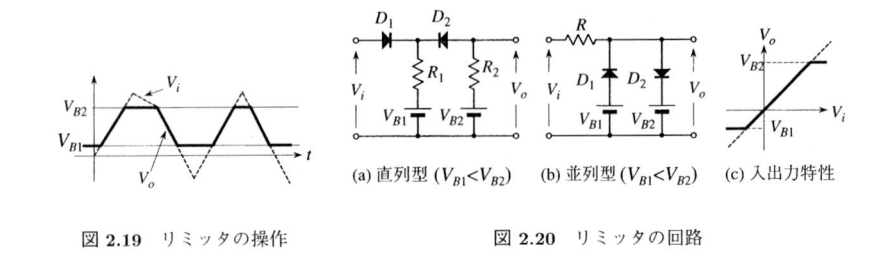

図 2.20 リミッタの回路
(a) 直列型 ($V_{B1} < V_{B2}$)　(b) 並列型 ($V_{B1} < V_{B2}$)　(c) 入出力特性

[問 2-6] 図 2.20(b) の並列型クリッパの動作を説明せよ.

2.3.3　クランパ

クランパ (clumper) は,周期的な入力波形の形状を保ったままで,直流レベルのみを移動させるための回路である.

図 2.8(a) の回路で,時定数 CR を大きくした上で,入力に振幅 E の周期的な方形波を加えると,既に述べたように,図 2.9(c) のような出力波形が得られる.図 2.21(a) は図 2.8(a) の回路の R と並列にダイオードを付加した回路である.ダイオードの作用によって図 2.9(c) の波形の負の部分は最小値が 0 になるように上に押し上げられる[1].図 2.21(b) はこの波形例を示す.

クランパはテレビジョンにおけるブラウン管表示回路の一部として利用されている.

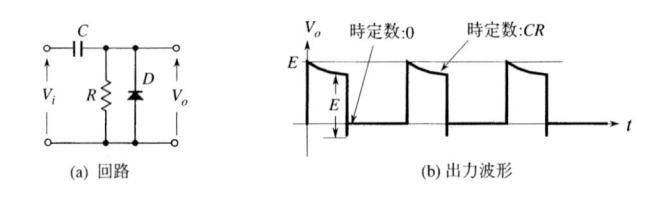

(a) 回路　(b) 出力波形

図 2.21　クランパの回路と出力波形

2.3.4 電圧比較回路

入力の電圧をある基準の電圧と比較してその大小関係を決定することのできる回路のことを**電圧比較回路** (voltage comparator) という．ここでは，この種の比較回路の代表例として**シュミットトリガ回路** (Schmitt trigger circuit) と**差動増幅回路** (differential amplifier) の2つを取り上げる．

a) シュミットトリガ回路

図2.22(a)にシュミットトリガ回路を示す．V_i および V_o は，それぞれ，入力電圧および出力電圧である．$V_i = 0$ のとき，トランジスタ T_{r1} は遮断状態にあり，T_{r2} は R_{C1}，R_1 を介して流れるベース電流によって導通状態 ($V_o = V_{o1}$) になっている．いま，V_i が上昇してある値 V_{T1} に達すると，T_{r1} にもベース電流が流れ始めてそのコレクタ電圧が低下し，引き続いて T_{r2} のベース電圧の降下，T_{r2} のエミッタ電位の降下が起こり，T_{r1} のベース電流がさらに増加するという現象が生起する．このような現象のことを**正帰還** (positive feedback) という．この結果，T_{r1} および T_{r2} がそれぞれ急速に導通状態および遮断状態 ($V_o = V_{o2}$) となる．逆に，$V_i = E$ のとき，T_{r1} および T_{r2} はそれぞれ導通状態および遮断状態となる．$V_i = E$ の状態から，V_i を徐々に降下させると V_{B2} が上昇し，T_{r2} のベースに電流が流れ始める時点で，T_{r1} および T_{r2} がそれぞれ急速に遮断状態および導通状態となる．このときのシュミットトリガ回路の入出力特性を同図(b)に示す．出力が上昇するときの反転電圧 V_{T1} と下降するときの反転電圧 V_{T2} の間には**ヒステリシス** (hysteresis) と呼ばれる差 (通常1[V]前後) があるが，この発生原理については他の成書[2)]に譲ることにする．

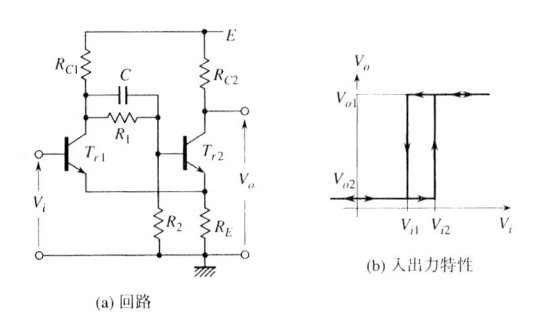

(a) 回路

(b) 入出力特性

図 2.22 シュミットトリガ回路

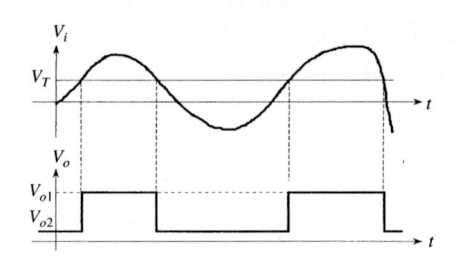

図 2.23 シュミットトリガ回路の入出力波形例

シュミットトリガ回路の入出力波形の例を図 2.23 に示す．ここではこのヒステリシスを無視して $V_{T1} = V_{T2} = V_T$ としている．V_o の値が V_{o1} か V_{o2} かによって，V_i の V_T に対する大小関係を知ることができる．V_T の値は回路の抵抗値を適宜選択することで自由に変更することができる．

シュミットトリガ回路は，ヒステリシスをもつために，電圧比較回路としての精度にやや難点があるが，出力が V_{o1} から V_{o2} あるいはその逆に変化するときの時間が極めて短いという利点がある．この回路はこのような利点のためにしばしば波形整形回路としても利用される．

b) 差動増幅回路

差動増幅回路は本来 2 つの入力に与えた電圧の差を増幅するための回路である．基本的な回路を図 2.24(a) に示す．2 つのトランジスタ T_{r1}, T_{r2} はまったく等しい特性をもつものとする．V_{i1}, V_{i2} が 2 つの入力電圧，$V_{o2} - V_{o1} = V_o$

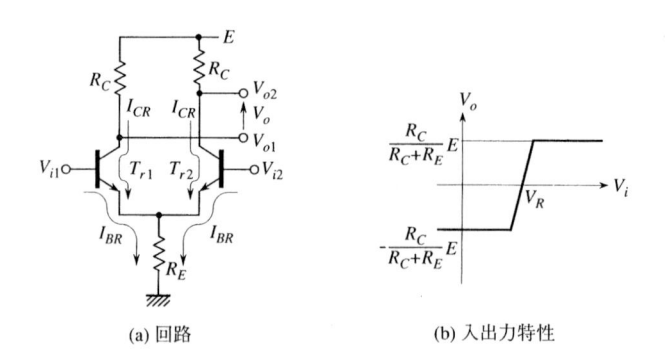

(a) 回路

(b) 入出力特性

図 2.24 比較のための差動増幅回路

が出力電圧である．理解を容易にするために，$V_{i2} = V_R$ に固定して考える．$V_{i1} = V_R$ のときには，両トランジスタのベース電流およびコレクタ電流はそれぞれ I_{BR} および I_{CR} で，矢印で示すようにともに R_E に流れている．したがって，このときの出力電圧 V_o は 0 である．いま，V_{i1} がわずかに上昇（下降）して $V_{i1} > V_R (V_{i1} < V_R)$ となると，2つの入力電圧の差 $V_{i1} - V_R$ によって，T_{r1} のベース，T_{r1} のエミッタ，T_{r2} のエミッタ，T_{r2} のベースの経路（この逆の経路）で電流 ΔI_B が流れるようになる．上図の回路だけみると，抵抗 R_E になぜ流れないのかという疑問がわくが，これはベース–エミッタ間の抵抗 R_{BES} が R_E に比して十分小さいからである．この結果，T_{r1} および T_{r2} に流れるベース電流はそれぞれ，$I_{BR} + \Delta I_B (I_{BR} - \Delta I_B)$ および $I_{BR} - \Delta I_B (I_{BR} + \Delta I_B)$ となって，T_{r1} および T_{r2} のコレクタ電圧が等量だけ降下（上昇）および上昇（降下）し，$V_o > 0 (V_o < 0)$ となる．トランジスタには増幅作用があるから，$|V_{i1} - V_R| \ll |V_o|$ となるのは明らかである．図 2.24(b) にはこのときの V_{i1} と V_o との関係を示している．

以上は $V_{i2} = V_R$ に固定したときの動作であるが，V_{i2} を可変にすれば時間的に変化する V_{i1}，V_{i2} を時々刻々比較することができる．この回路がそのままディジタル回路として利用されることはないが，ディジタル回路の一部としては広く利用されている．

[問 2-7]　図 2.24(b) の特性を利用して，V_{i1}，V_{i2} がともに上昇したとき比較不能となる上限の電圧について述べよ．ただし，トランジスタのベース–エミッタ間の電圧 V_{BES} は無視できるものとする．

ヒント：T_{r1}，T_{r2} がともに飽和状態になると，比較できないことに着目せよ．

文　　献

1) 樋口龍雄，江刺正喜：電子情報回路 II, pp.10-20, 昭晃堂（1989）．
2) 田丸啓吉：パルス・ディジタル回路, pp.60-69, 昭晃堂（1989）．
3) 榎本忠儀：CMOS 集積回路—入門から実用まで—, pp.53-85, 培風館（1996）．

演習問題

[1] 図 2.2 の回路において，出力端の C_L と並列に抵抗 R_L を付加したとき，図 2.5 に示す出力波形はどのように変化するか解析せよ．

[2] 図 2.25 のクランプ回路に，図のような振幅 E，周期 T の方形波入力を加えるものとする．また，$0 < E_1 < E$ かつ $CR \gg T$ であるとする．出力 V_o はどのような波形になるか図示せよ．振幅，周期はそのままで，入力の低電圧側が 0 以外の電圧になったとき，出力波形はどのようになるか．

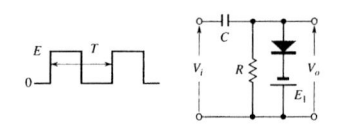

図 2.25

[3] 図 2.12 のミラー積分回路において，$A = 10000$，$-5[V] \leq V_o \leq 5[V]$ かつ $V_i = 5[V]$ とする．抵抗 R に流れる電流には，積分開始時と終了時（$V_o = 5[V]$ となる時刻）とでどの程度の差が生じるか．ただし，演算増幅器の入力抵抗および出力抵抗は，それぞれ，∞ および 0 とする．

[4] 図 2.15 のブートストラップ回路において，エミッタフォロワの入力抵抗を無限大とする．$C \ll C_B$ が成立しない場合，スイッチが開いた瞬間を $t = 0$ として，C の両端の電圧はどのように変化するかを解析せよ．

[5] 図 2.22 のシュミットトリガ回路において，容量 C は図 2.4(a) と同様のスピードアップ容量である．どのような役割を果たすか．説明せよ．

3

パルス発生回路

パルス・ディジタル回路では，既に述べたように，多種多様な非正弦波を取り扱うが，多くの場合それらを生成するための基本は方形波パルスである．方形波を発生するための回路のことをパルス発生回路という．

パルス発生回路は周期的な方形波を発生する無安定マルチバイブレータ，幅の狭いパルスが与えられるたびに一定時間幅の方形波を発生する単安定マルチバイブレータおよび幅の狭いパルスが与えられるたびに高低の電圧が逆転する双安定マルチバイブレータに分けることができる．ここでは，抵抗，容量などの個別素子で構成される代表的なパルス発生回路のみを取り上げ，論理ゲートを中心に構成される回路については章を改めて述べることにする．また，水晶振動子を用いたパルス発生回路についてもふれる．

3.1 無安定マルチバイブレータ

2.1 で述べた 2 つの反転増幅回路の入出力を容量により結合し，電圧の変化成分のみを正帰還することによって周期的方形波が発生するようにした回路のことを**無安定マルチバイブレータ** (astable multivibrator) という．

バイポーラトランジスタを用いた無安定マルチバイブレータの回路例を図 3.1(a) に示す[1]．スイッチ SW を十分長期間図のような位置に保持したとき，T_{r1} は $V_{B1} = 0$ であるために遮断状態で，$V_{C1} = E$ である．また，T_{r2} は R_1 を介したベース電流により導通状態となり，$V_{C2} \simeq 0$ となっている．このとき，容量 C_1 は T_{r1} のコレクタ側を正として $E - V_{BES}$ の電圧に充電され，容量 C_2

(a) 回路

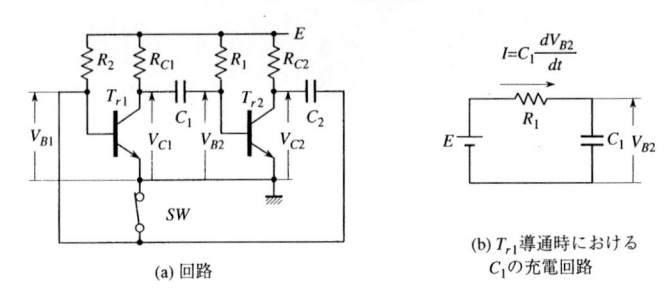

(b) T_{r1}導通時における C_1の充電回路

図 3.1 バイポーラトランジスタを用いた無安定マルチバイブレータ

の電圧は 0 となっている．いま，SW を開くと，C_2 は R_2 を介して充電され始め，V_{B1} がわずかに正となった時点で，T_{r1} のベース電流が流れ始め，V_{C1} が降下し始める．容量の電圧は急変しないから，この降下は C_1 を介して V_{B2} にも伝わって V_{C2} を上昇させ，これが C_2 を介して T_{r1} のベース電圧をさらに押し上げる．この正帰還により，T_{r1} および T_{r2} はそれぞれ瞬時に導通および遮断の状態に遷移する．この時刻を $t=0$ とする．$t=0$ における各部の電圧は，以下のようになる（図 3.1 参照）．

$$V_{B1} = V_{BES}, \qquad V_{C1} \simeq 0 \qquad (3.1a)$$
$$V_{B2} = -(E - V_{BES}), \quad V_{C2} \simeq E \qquad (3.1b)$$

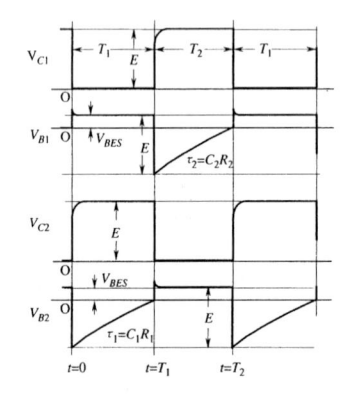

図 3.2 無安定マルチバイブレータの各部の波形

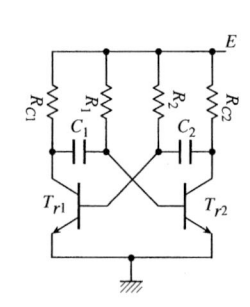

図 3.3 無安定マルチバイブレータの回路表現

その後，R_{C2} を介して C_2 が充電されるので V_{C2} が E に向かって上昇を開始するとともに，V_{B2} も R_1 を介した C_1 の充電によって E に向かって上昇を開始する．このうちの V_{C2} の上昇は T_{r1}, T_{r2} の状態に影響しないが，V_{B2} が正になると再び T_{r1}, T_{r2} の状態が反転する．このときの各部の電圧は図 3.1 の $t = T_1$ における値に等しい．$t = T_1$ 以降の各部の電圧変化は，T_{r1}, T_{r2} の状態が逆になることと，V_{B2} の上昇する時定数が C_2R_2 になること以外，これまで述べてきた動作と同じである．そして，$t = T_1 + T_2$ において再び T_{r1}, T_{r2} の状態が反転して回路の動作は $t = 0$ の状態に復帰する．したがって，この回路は図 3.1 の波形をくり返し生起する一種のパルス発生回路となる．

次に，$t = 0$ 以降の各部の電圧を微分方程式を用いて解析してみよう．$t = 0$ において T_{r1}, T_{r2} の状態が反転したとき，C_1 を充電する回路は図 3.1(b) のようになる．いま，C_1 に向かって流れる R_1 の電流を I，C_1 の電荷を Q とすれば，$I = dQ/dt = C_1 dV_{B2}/dt$ であるから，V_{B2} に関して次の式が成立する．

$$R_1 I + V_{B2} = R_1 C_1 \frac{dV_{B2}}{dt} + V_{B2} = E \tag{3.2}$$

この微分方程式を式 (3.1b) の V_{B2} の値を初期値として解けば[2]，

$$V_{B2} = -(2E - V_{BES})e^{-t/(R_1 C_1)} + E \tag{3.3}$$

が得られる．V_{B2} は負電圧 $-(E - V_{BES})$ から出発して指数関数的に電源電圧 E に向かって漸近する波形となる．そして，$V_{B2} = 0$ になると T_{r2} が導通するから，そのときの時刻 T_1 は，

$$T_1 = C_1 R_1 \ln \frac{2E - V_{BES}}{E} \tag{3.4}$$

で与えられる．結局，$0 < t < T_1$ の期間では T_{r1} 導通，T_{r2} 遮断の状態が持続し，V_{B2} は式 (3.3) に従って変化する．また，$T_1 < t < T_2$ の期間についても T_{r1} が遮断，T_{r2} が導通となり，同様にして解けば，

$$T_2 = C_2 R_2 \ln \frac{2E - V_{BES}}{E} \tag{3.5}$$

が得られる．したがって，このマルチバイブレータのくり返し周期 T は次のよ

うに与えられる．

$$T = T_1 + T_2 = (C_1 R_1 + C_2 R_2) \ln\left(2 - \frac{V_{BES}}{E}\right) \qquad (3.6)$$

この回路の出力 V_{C1} あるいは V_{C2} は方形波パルス列として利用することができる．しかし，立上り部分で多少の丸みがあるので，厳密な方形波が要求される場合には，波形整形回路で整形される．

[問 3-1]　V_{C1}，V_{C2} の立上り部分の波形を解析せよ．
ヒント：$R_{C1} C_1 dV_{C1}/dt + V_{C1} = E$ に着目せよ．

図 3.1 の回路では，理解を容易にするために，反転増幅回路の入力を左側に，出力を右側に配置しているが，多くの場合，対称性を重視して図 3.3 のように描かれる．

CMOS 回路を用いたマルチバイブレータの回路例を図 3.4 に示す[3]．T_{p1} と T_{n1} および T_{p2} と T_{n2} が CMOS による反転増幅回路である．各 MOSFET の基板は，通常ソースに接続されるので配線を省略している（以下，本章では同様に省略する）．スイッチ SW を十分長期間図の位置に保持したとき，$V_1 = 0$，$V_2 = E$，$V_3 = 0$ となっている．いま，SW を開くと，容量 C は T_{p1}，R，C，T_{n2} という経路を通る電流により充電され，V_1 が上昇して T_{n1} のしきい値電圧 V_{T_n} に達すると T_{n1} が導通し始める．この結果，V_2 の下降，V_3 の上昇，V_1 の

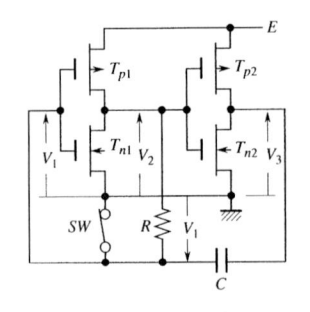

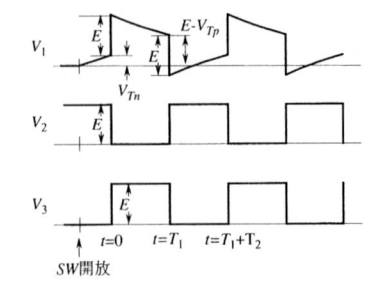

図 3.4　CMOS 無安定マルチバイブレータ

図 3.5　CMOS 無安定マルチバイブレータの各部の波形

更なる上昇という順序で回路に正帰還が発生し，瞬時に $V_1 = V_{T_n} + E$，$V_2 = 0$，$V_3 = E$ に遷移する．この時刻を $t = 0$ とする．その後，C の電荷は R を介して放電し，V_1 は 0 に向かって次式に示すように指数関数的に減少する．

$$V_1 = (V_{T_n} + E)e^{-t/(CR)} \tag{3.7}$$

V_1 が減少して T_{p1} のしきい値電圧 $E - V_{T_p}$ に達すると，正帰還が発生し $V_1 = -V_{T_p}$，$V_2 = E$，$V_3 = 0$ の状態に遷移する．この時刻 T_1 は上式より，次式で与えられる．

$$T_1 = CR \ln \frac{E + V_{T_n}}{E - V_{T_p}} \tag{3.8}$$

その後，C は R を介して充電され，V_1 は E に向かって増大し，やがて V_{T_n} に達する．この間の時間 T_2 は上と同様に考えて次のようになる．

$$T_2 = CR \ln \frac{E + V_{T_p}}{E - V_{T_n}} \tag{3.9}$$

以下，図 3.1 に示すように $T_1 + T_2$ を周期として同じ動作をくり返し，連続的な方形波が得られる．

3.2 単安定マルチバイブレータ

図 3.1 のマルチバイブレータで，2 つの反転増幅回路間の結合の一方を抵抗により結合し，幅の狭いパルスが与えられるたびに一定時間幅の方形波を発生するようにした回路のことを**単安定マルチバイブレータ** (monostable multivibrator) という．

バイポーラトランジスタを用いた単安定マルチバイブレータの回路例を図 3.6 に示す[1]．T_{r1} から T_{r2} への結合には容量結合が，T_{r2} から T_{r1} への結合には抵抗結合が用いられている．入力値を 0 に保ったまま放置した状態では，T_{r2} のベースに R_1 を介して十分な電流が流れるので T_{r2} は導通状態となり，したがって，T_{r1} にはベース電流が流れず，遮断状態となっている．

いま，このマルチバイブレータに図 3.7(a) に示すような入力パルス V_i（パ

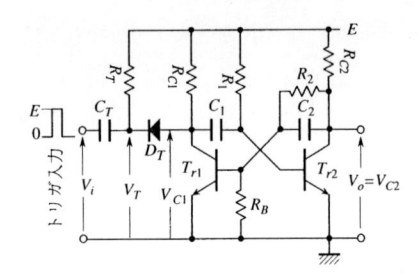

図 3.6 バイポーラトランジスタを用いた単安定マルチバイブレータ

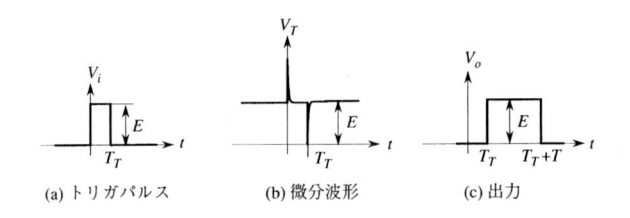

図 3.7 トリガパルスと出力波形

ルスの高さは E）を印加したとする．容量 C_T と抵抗 R_T の微分作用によって V_T は図 3.7(b) に示すような波形となる．ダイオード D_T は入力パルス後縁で導通状態となるので，これによって T_{r1} のコレクタ電圧が低下する．この低下が，C_1，T_{r2} のベース，T_{r2} のコレクタ，T_{r1} のベース，T_{r1} のコレクタという経路で正帰還され，T_{r1}，T_{r2} の状態が瞬時に反転する．容量 C_2 は C_1 に比して十分小さな値であり，正帰還の速度向上のために用いられている．このように状態の反転を引き起こすために加えられる入力をトリガ（trigger）入力と呼ぶ．反転直後には無安定マルチバイブレータと同様に容量 C_1 が充電さるので，T_{r1} は次式で与えられる期間だけ導通状態となる．

$$T = C_1 R_1 \ln\left[2 - \frac{V_{BES}}{E}\right] \tag{3.10}$$

T_{r1}，T_{r2} は期間 T が経過したのちもとの状態に復帰し，次にトリガ入力が加えられるまで変化しない．T_{r2} のコレクタから出力を取り出せば，図 3.7(c) に示すように，入力パルスの後縁を基準として時間幅 T の出力パルスが得られる．また，この出力パルスを微分して後縁パルスを取り出せば，入力パルス後

3.3 双安定マルチバイブレータ　　　　　　　　　　　　　　　43

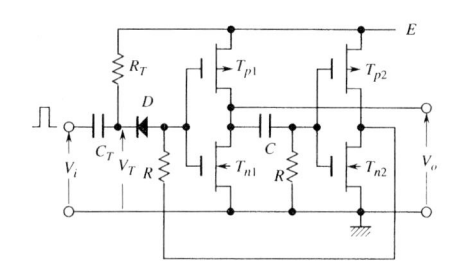

図 3.8 CMOS 回路単安定マルチバイブレータ

縁から T だけ遅延したパルスを得ることができる．

[問 3-2]　図 3.6 の回路において，T_{r1} のコレクタ電圧はどのような波形となるか解析せよ．
ヒント：出力パルスの後縁がある時定数で上昇することに注意せよ．

　CMOS 回路を用いた単安定マルチバイブレータの回路例を図 3.8 に示す[3]．この回路の各部の波形は図 3.7 と同じになるが，動作については図 3.1 の CMOS 無安定マルチバイブレータと図 3.6 の微分回路との説明を参考にすれば容易にわかるであろう．

3.3　双安定マルチバイブレータ

　図 3.1 の 2 つの反転増幅回路間をともに抵抗により結合した回路のことを**双安定マルチバイブレータ** (bistable multivibrator) という．双安定マルチバイブレータはパルス発生回路ではないが，回路の構造がこれまで述べてきた 2 種類のマルチバイブレータと似ているので，本節で取り扱うことにする．
　図 3.9 に双安定マルチバイブレータの回路例を示す[1]．抵抗結合により 2 つのトランジスタが結ばれているため，T_{r1} および T_{r2} がそれぞれ導通および遮断となった状態とその逆の状態の両方が安定な状態である．回路の構造は左右対称であるから，対称位置にある各回路素子が同一の特性をもつものとすれば，電源投入時にどちらのトランジスタが導通するかは明確には決まらない．そこ

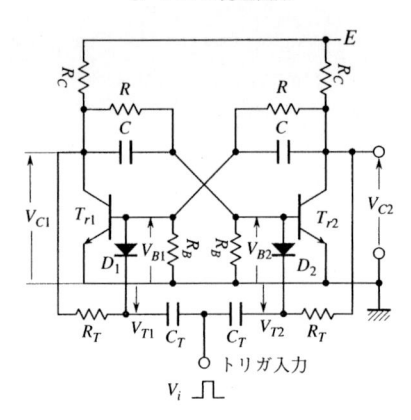

図 3.9　バイポーラトランジスタを用いた双安定マルチバイブレータ

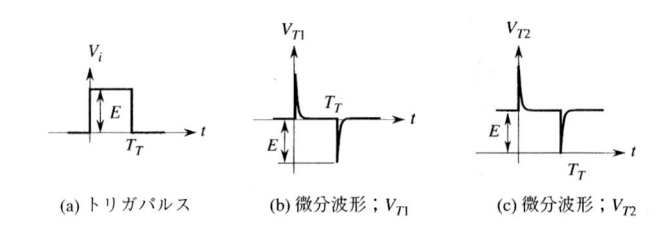

(a) トリガパルス　　(b) 微分波形；V_{T1}　　(c) 微分波形；V_{T2}

図 3.10　トリガパルスとその微分波形

で以下，一般性を失うことなく，T_{r1} が導通，T_{r2} が遮断の状態に落ち着いているものとして動作を説明する．

　抵抗 R_C, R, R_B の間には $R_C \ll R + R_B$ の関係が成り立っているものとする．トリガパルスが加えられていない初期状態では，$V_{B1} = V_{BES}$, $V_{C1} \simeq 0$, $V_{B2} \simeq 0$, $V_{C2} \simeq E$ であり，したがって，上図の電圧 V_{T1} および V_{T2} はそれぞれ 0 および E となっている．いま，図 3.10(a) に示すようなトリガパルス V_i が加えられたとしよう．このパルスは C_T と R_T によって微分され，V_{T1} および V_{T2} はそれぞれ図 3.10(b) および (c) に示すような波形となる．両者の波形の直流レベルの差によってダイオード D_1 だけがパルスの後縁で導通するので，T_{r1} のベース電圧が低下し，正帰還によって T_{r1}, T_{r2} の状態が反転して安定する．回路は対称であるから，次にトリガパルスが加えられると再び状態が反転し，元の状態に復帰する．

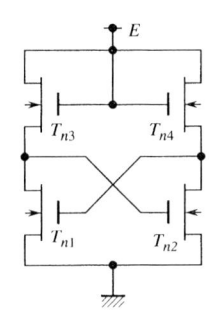

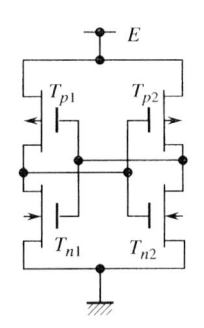

図 3.11 nMOS 双安定マルチバイブレータ

図 3.12 CMOS 双安定マルチバイブレータ

[問 3-3] 図 3.9 の回路でダイオード D_1, D_2 の向きを逆にしたとき，どのような動作をするか説明せよ．

ヒント：正のパルスで反転が起こることに着目せよ．

nMOS 回路および CMOS 回路による双安定マルチバイブレータの例を，それぞれ，図 3.11 および 3.12 に示す．いずれのマルチバイブレータについても反転増幅器の入出力を交叉接続して構成されており，回路は左右対称になっている．したがって，T_{n1}, T_{n2} の一方が導通常態なら他方が遮断状態となり，2通りの安定状態が存在する．

双安定マルチバイブレータ M_1, M_2 を図 3.13(a) のように直列に接続し，入力側にトリガパルスを連続的に加えたときの動作を考えてみる．いずれのマルチバイブレータもトリガパルスが正から 0 に向かうたびに状態を反転するから，

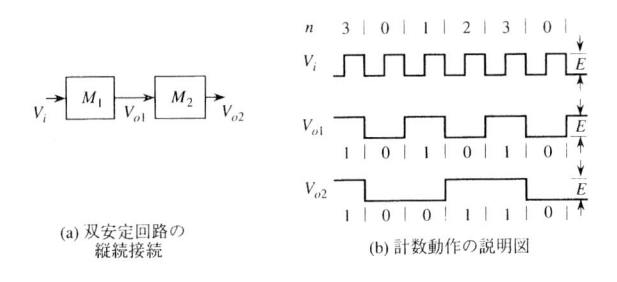

(a) 双安定回路の縦続接続

(b) 計数動作の説明図

図 3.13 双安定マルチバイブレータによる計数動作

V_{o1}, V_{o2} が E のときを数字 1, 0 のときを数字 0 に対応付ければ，2 つのマルチバイブレータの出力は同図 (b) のように，(0,0) → (0,1) → (1,0) → (1,1) の変化をくり返す．すなわち，加えられたトリガパルスの数を 4 進で計数する．これは **10.3** で述べるリップルカウンタの原理である．

3.4 水晶発振回路

コンピュータやディジタル時計などでは，正確に時刻を刻むためにパルスのくり返し周期が安定しているクロックパルス発生回路が要求される．無安定マルチバイブレータは単純なクロックパルス発生回路として利用できるが，くり返し周期が電源電圧や周囲温度の変動によって変わるという欠点がある．そこで，このようなクロックパルス発生回路には安定なくり返し周期をもつ**水晶発振回路** (crystal oscillator) が広く利用されている．これは元来水晶振動子のもつ安定な固有振動を利用した正弦波発振回路であるが，クロックパルスとして用いる場合には方形波に整形して利用される．

水晶振動子は，図 3.14(a) に示すように，薄い水晶板に電極を取り付けた構造となっている[4]．水晶板には，機械的ひずみが生ずると電極に電圧が発生し，逆に電極に電圧を加えると機械的ひずみが発生するが，このときのひずみや電圧は上に述べた固有振動周波数に共振する形で生起するという性質がある．この性質を電気的特性として表現すれば，同図 (b) のような回路となり，共振周波数 $f_0 \, (= 1/(2\pi\sqrt{L_0 C_0}))$ は水晶板の固有振動周波数と等しくなる．したがっ

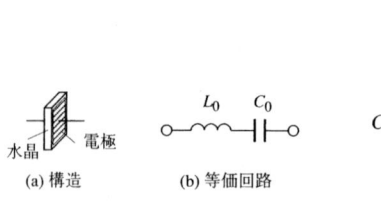

図 **3.14** 水晶振動子とその等価回路

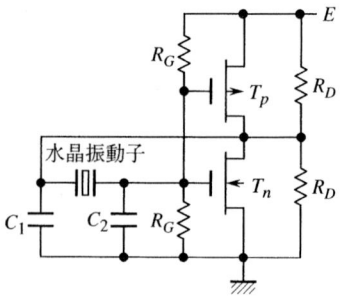

図 **3.15** CMOS を用いた水晶発信回路

て，f_0 は温度や電源電圧の影響を受けない．

図 3.15 に CMOS 回路を用いた水晶発振回路の回路例を示す．詳しい動作原理は他の成書[4]に譲るが，この回路の発振周波数は上述の f_0 に等しくなる．

文　献

1) 田丸啓吉：パルス・ディジタル回路，pp.70-78，昭晃堂（1989）．
2) 大附辰夫，他：電気学会大学講座　過渡回路解析（電気学会編），pp.1-16，オーム社（1988）．
3) 猪飼國夫，他：実用電子回路ハンドブック (2)，pp.17-184，CQ 出版（1981）．
4) 樋口龍雄，江刺正喜：電子情報回路 I，pp.153-168，昭晃堂（1989）．

演 習 問 題

[1] 図 3.16 の無安定マルチバイブレータにおいて，パルスくり返し周期を導出せよ．

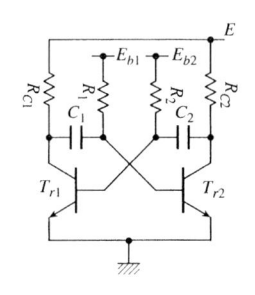

図 3.16

[2] 図 3.6 の単安定マルチバイブレータにおいて，出力パルスのパルス幅を導出せよ．
[3] 図 3.8 の単安定マルチバイブレータのパルス幅 T を求めよ．

4
基本論理ゲート

 ディジタル回路は，いかに複雑な機能のものでも，極めて単純な機能をもつ基本的な回路を合成することによって実現することができる．このような基本的な回路のことを**基本論理ゲート** (basic logic gate) という．基本論理ゲートは，1.2で述べたバイポーラトランジスタおよび1.3で述べたMOSFETのいずれを用いても実現でき，それぞれ，**バイポーラ論理ゲート** (bipolar logic gate) および **MOS論理ゲート** (MOS logic gate) という．いずれの場合にも，同一機能の基本論理ゲートを実現するための回路はこれまでに多数開発されているが，本章では，主として，現在でも広く利用されている代表的な回路について説明する．

4.1 基本論理ゲートの種類とその表記法

 ディジタル回路の入出力値は，通常，高レベルの電圧と低レベルの電圧の2値である．高レベルの電圧を論理1，低レベルの電圧を論理0に対応させる場合を**正論理** (positive logic) といい，この逆に対応させる場合を**負論理** (negative logic) という．基本論理ゲートにおける正論理の演算は，AND機能とOR機能を相互に逆にすることにより，負論理の演算に変換することができる．そこで以下本書では，とくに指定しない限り，正論理を用いるものとする．また，入出力の論理値を表す場合には，E[V](回路の電源電圧)および0[V](接地電圧)を，それぞれ，1および0で表し，任意の論理値を表すときには，断りなしに，x, yのような小文字の英字を用いることにする．

4.1 基本論理ゲートの種類とその表記法

基本論理ゲートにより実現される演算には，NOT(否定) 演算，AND(論理積) 演算，OR(論理和) 演算，NAND 演算，NOR 演算，XOR(排他的論理和) 演算および XNOR 演算があり，これらを実現する回路のことを，それぞれ，**インバータ** (inverter)，**AND ゲート** (AND gate)，**OR ゲート** (OR gate)，**NAND ゲート** (NAND gate)，**NOR ゲート** (NOR gate)，**XOR ゲート** (XOR gate) および **XNOR ゲート** (XNOR gate) という．これらのゲートの入力論理値 (以下，誤解の恐れのない限り，単に入力値という) と出力論理値 (以下，誤解の恐れのない限り，単に出力値という) の関係を表 4.1 に示す．x, x_1, x_2 は入力値，y は出力値である．(a)〜(g) のいずれの表についても，すべての入力値の組合せに対して出力値が示されている．このような表のことを**真理値表** (truth

表 4.1 基本論理ゲートの機能

(a) インバータ

x	y
0	1
1	0

(b) AND ゲート

x_1	x_2	y
0	0	0
0	1	0
1	0	0
1	1	1

(c) OR ゲート

x_1	x_2	y
0	0	0
0	1	1
1	0	1
1	1	1

(d) NAND ゲート

x_1	x_2	y
0	0	1
0	1	1
1	0	1
1	1	0

(e) NOR ゲート

x_1	x_2	y
0	0	1
0	1	0
1	0	0
1	1	0

(f) XOR ゲート

x_1	x_2	y
0	0	0
0	1	1
1	0	1
1	1	0

(g) XNOR ゲート

x_1	x_2	y
0	0	1
0	1	0
1	0	0
1	1	1

table) という．(b)〜(g) ではすべて，単純化のために，入力数が 2 の場合を示しているが，入力数が 3 以上の場合にも容易に作成できる．

表 4.1 における各ゲートの記号を図 4.1 に示す．記号 x, x_1, x_2, y の定義は上表と同じである．各ゲートの入力端あるいは出力端に付した小円は否定を意味する．とくに，インバータ，NAND ゲート，NOR ゲートについては 2 種類の記号があるが，いずれについても，正論理の場合には左側，負論理の場合には右側を使用する．本書では正論理を用いるので，原則として左側の記号を用いることにする．入力数が 3 以上のゲートについても，入力数が増えること以外，同様の記号で表される．

(a) インバータ
(b) ANDゲート
(c) ORゲート
(d) NANDゲート
(e) NORゲート
(f) XORゲート
(g) XNORゲート

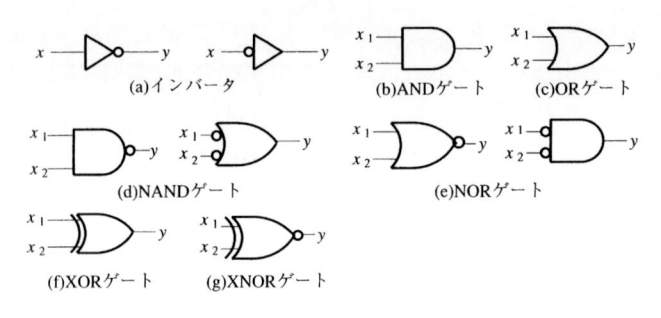

図 4.1 基本論理ゲートの記号

[問 4-1] 図 4.1 の NAND ゲートと NOR ゲートのそれぞれについて，2 種類の記号が同じ真理値表をもつことを小円の定義から確かめよ．

[問 4-2] 図 4.2 の回路が XOR ゲートと同じ機能をもつことを，[問 4-1]と同様にして確かめよ．

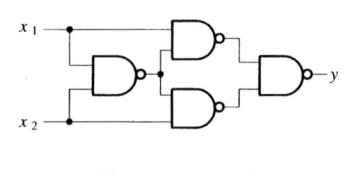

図 4.2 XOR 回路

4.2 バイポーラ論理ゲート

広く用いられている代表的なバイポーラ論理ゲートは，ダイオードを利用した**ダイオード論理ゲート** (diode logic gate) と，トランジスタを利用した**バイポーラトランジスタ論理ゲート** (bipolar transistor logic gate) に大別される．また，このうちのバイポーラトランジスタ論理ゲートは，さらに，トランジスタの飽和領域と遮断領域を用いて実現される**飽和型論理ゲート** (saturation logic gate) と，活性領域のみを用いて実現される**非飽和型論理ゲート** (nonsaturation logic gate) に分けられる．飽和型論理ゲートには，**抵抗・トランジスタ論理ゲー**

ト (RTL:register transistor logic gate)[1]，**I^2L 論理ゲート** (integrated injection logic gate)[2]，**トランジスタ・トランジスタ論理ゲート** (TTL:transistor transistor logic gate) があり，非飽和型論理ゲートには，**エミッタ結合論理ゲート** (ECL:emitter coupled logic gate) がある．本節では，混乱を避けるために，ダイオード論理ゲートの動作にふれたのち，飽和型論理ゲートおよび非飽和型論理ゲートの代表として，それぞれ，TTL 論理ゲートおよび ECL 論理ゲートを選び，回路構成と動作原理について述べる．

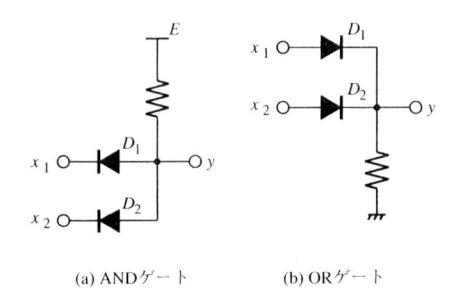

4.2.1 ダイオード論理ゲート

ダイオード論理ゲートは，ダイオードと抵抗のみにより構成された論理ゲートである．2 入力 AND ゲートと 2 入力 OR ゲートの構成を図 4.3 に示す．い

(a) ANDゲート (b) ORゲート

図 4.3 ダイオード論理ゲート

ずれについても，x_1，x_2 は入力値，y は出力値である．

同図 (a) において，$x_1 = x_2 = 1$ とすると，2 つのダイオードの両端の電圧がともに E となるので，D_1，D_2 ともに電流は流れず，$y = 1$ となる．これに対して，$x_1 = 0$，$x_2 = 1$ ($x_1 = 1$，$x_2 = 0$) とすると，$D_1(D_2)$ には順方向に電流が流れ，抵抗とダイオードとの接続部の電圧は，**1.1** で述べた順方向電圧 V_{d0} となる．いま，この電圧が $V_{d0} \ll E$ であれば，出力電圧は近似的に 0，すなわち $y = 0$ となる．また，$x_1 = x_2 = 0$ の場合，双方のダイオードに分かれて順方向電流が流れること以外，上と同様に $y = 0$ となる．すなわち，同図 (a) の回路は AND ゲートである．

[問 4-3]　図 4.3(b) の回路が OR ゲートであることを確かめよ．
ヒント：$x_1 = 1$ のとき抵抗の両端の電圧が $E - V_{d0}$ であることに注意せよ．

4.2.2　TTL 論理ゲート

TTL 論理ゲートは，抵抗，ダイオード，トランジスタのみにより構成される基本論理ゲートである．この論理ゲートでは，**マルチエミッタトランジスタ** (multi-emitter transistor)[3] を利用して AND 機能が実現される．マルチエミッタトランジスタは，図 4.4(a) 破線内部のように，ベース端子とコレクタ端子をそれぞれ 1 つもち，エミッタ端子を複数もっている．同図の場合，エミッタは 3 個である．同図 (b) に，マルチエミッタトランジスタの半導体構造を示す．1 つのベースに対して，1 つのコレクタ側接合と 3 つのエミッタ側接合を有している．

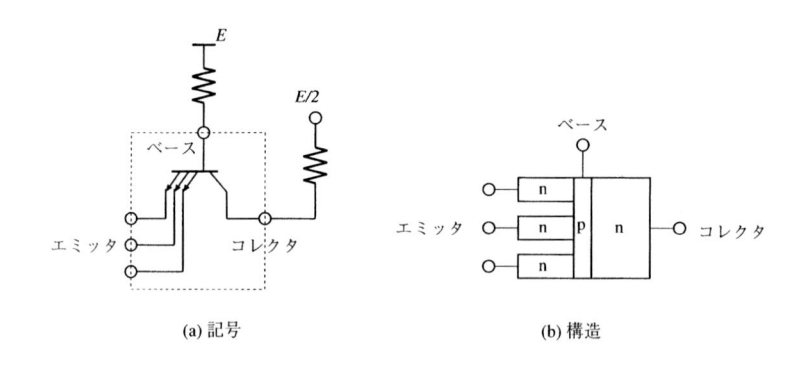

図 4.4　マルチエミッタトランジスタ

いま，このマルチエミッタトランジスタのベースおよびコレクタに，それぞれ，抵抗を介して同図 (a) のように電圧 E および $E/2$ の電圧を供給するものとする．例えば，1 つのエミッタ電圧が 0 であれば，他のエミッタ電圧に関係なく，ベースと電圧 0 のエミッタとの接合には，順方向電流が流れるので，トランジスタは導通状態となる．したがって，コレクタ電流は紙面上左向きに流れ，コレクタ電圧は V_{CES} (図 1.8 参照) となる．この状態は 2 つあるいは 3 つのエミッタ電圧が 0 になる場合にも同様である．これに対して，すべてのエミッタ

電圧が E の場合，いずれのエミッタにも電流は流れなくなる．しかし，このとき，ベース電圧がコレクタ電圧より高いので，ベース–コレクタ間ダイオードに順方向電流が流れ，コレクタには紙面上右方向の電流が流れることになる．コレクタ電流を出力とみなして，右向きに流れるときを論理 1，左向きに流れるときを論理 0 とみなせば，マルチエミッタトランジスタが AND 機能を有していることがわかる．

マルチエミッタトランジスタを利用した実用的な 2 入力 NAND ゲートの構成例を図 4.5 に示す．x_1, x_2 は入力値，y は出力値である．この回路では，ト

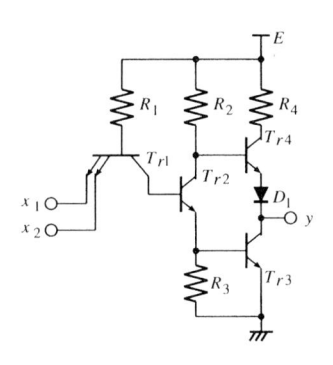

図 4.5　2 入力 TTL NAND ゲート

ランジスタ T_{r1} と R_1 により AND 機能が実現されており，それ以外の部分により NOT 機能が実現されている．

$x_1 = x_2 = 1$ の場合，上述したように，T_{r1} は遮断状態になり，T_{r1} のベース–コレクタ間接合を介して T_{r2} にベース電流が供給されるので，T_{r2} は導通状態となる．また，これに伴って，R_2, T_{r2} を介したベース電流により T_{r3} も導通状態となる．このとき，T_{r4} のエミッタにはダイオード D_1 が挿入されているので，T_{r4}, D_1 はともに遮断状態となる．以上から y は 0 となる．これに対して，x_1, x_2 の少なくとも一方が 0 である場合，T_{r1} は導通状態となり，そのコレクタ電圧はほぼ $0(V_{CES})$ となる．このため，T_{r2} と T_{r3} はともに遮断状態となるが，T_{r4} は R_2 を介したベース電流 (出力端子–接地間に負荷抵抗を挿入した場合) によって導通状態となり，$y = 1$ となる．すなわち，図 4.5 の回路は

2 入力 NAND ゲートとして動作する．

[問 4-4] 図 4.5 の回路において，導通状態のトランジスタのベース–エミッタ間電圧およびコレクタ–エミッタ間電圧を，それぞれ，0.7[V] および 0.2[V] とする．$x_1 = x_2 = 1$ のとき，T_{r4} のベースと T_{r3} のコレクタとの間に加わっている電圧を求めよ．また，このとき T_{r4} が遮断状態になる理由を説明せよ．
ヒント：1 章演習問題 [1] 参照．
略解：T_{r3} のコレクタを基準にしたとき 0.7[V]．

図 4.5 において述べたように，$y = 0$ のとき T_{r3} および T_{r4} はそれぞれ導通状態および遮断状態となり，$y = 1$ のときこの逆となる．このため，出力が安定していれば，いずれの場合にも電源からアースへの貫通電流は流れず，消費電力が節約できる．このような出力部の回路形式を**トーテムポール形式** (totem pole type) と呼ぶ．

トーテムポール形式と並んでしばしば利用される出力部の形式として，**オープンコレクタ形式** (open collector type) が知られている．この形式の出力部をもつ回路例を図 4.6(a) に示す．これは 2 入力 NAND ゲートであって，$T_{r1} \sim T_{r3}$ の動作は図 4.5 と同じである．出力端にはトランジスタ T_{r3} のコレクタ端子がそのまま引き出される．このため，このコレクタへの電源供給経路が存在せず，

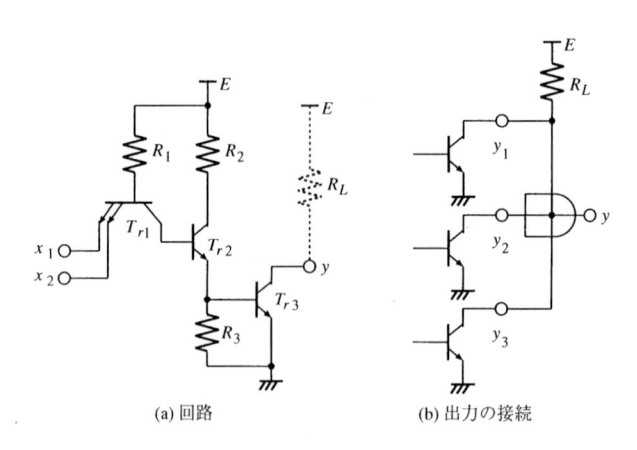

(a) 回路　　　　　(b) 出力の接続

図 **4.6**　オープンコレクタ形式の 2 入力 TTL NAND ゲート

このゲートを利用するときには，同図 (a) に破線で示すように，負荷抵抗 R_L を介してコレクタに電源を供給する．このようにすれば，T_{r2} の導通／遮断に従って T_{r3} も導通／遮断となり，2 入力 NAND ゲートとして動作する．オープンコレクタ形式の論理ゲートの出力を，同図 (b) のように，3 つ直接接続し，共通抵抗 R_L を介して電源電圧を供給すれば，出力 y は，直接接続をしないときの y_1，y_2，y_3 がすべて 1 のとき 1，それ以外のとき 0 となる．すなわち，3 つの出力の AND 機能が実現される．このように，出力端子を互いに結ぶだけで AND 機能を実現する方法を**ワイアード AND**(wired AND) と呼ぶ．ワイアード AND は，同図 (b) のように，出力を直結した交点に AND ゲート記号を付加することにより表現される．オープンコレクタ形式は他の基本論理ゲートにも適用することができる．

最後に，基本論理ゲートではないが，広く利用されている **3 ステートバッファ** (3 state buffer) について述べる．3 ステートバッファの回路例および記号を，それぞれ，図 4.7(a) および (b) に示す．この回路は図 4.5 に示した 2 入力 NAND ゲートに 1 段の反転増幅器 (図 4.7 の T_{r5}，R_5) と 3 つのダイオード ($D_2 \sim D_4$) を付加することにより得られる．x，e は入力値であり，y は出力値である．

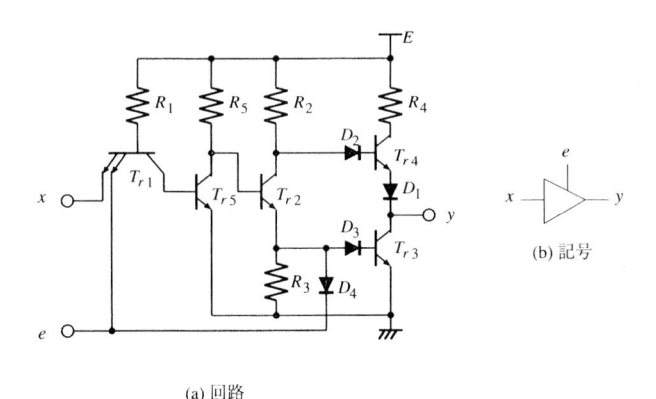

(a) 回路

(b) 記号

図 **4.7** TTL 3 ステートバッファ

$e = 0$ とすれば，T_{r1} が導通状態となり，これに伴って T_{r5} および T_{r2} がそれぞれ遮断状態および導通状態となる．このとき，T_{r2} のエミッタ電流の大部分が D_4 に流れて，T_{r2} のエミッタ電圧が V_{d0} となるので，T_{r3}，D_3 ともに遮

断状態となる．また，T_{r2} のコレクタ電圧はそのエミッタ電圧にほぼ等しいので，T_{r4}, D_1, D_2 はいずれも遮断状態となる．D_2 および D_3 は，それぞれ，T_{r4} および T_{r3} の遮断を確実にするために役立っている．この結果，出力 y を取り出すための出力端子は，対接地間，対電源間ともに電気的に宙に浮いた状態となる．このような状態を**ハイインピーダンス状態** (high-impedance state) あるいは**フローティング状態** (floating state) と呼ぶ．他方，$e=1$ とすれば，D_4 が遮断状態となり，論理機能の変化しないバッファ(buffer) $y=x$ として機能する．3 ステートバッファと同様の出力フローティング機能は，必要に応じて他の基本論理ゲートの出力端にも付加することができる．

以上述べたように，TTL ゲートに内蔵されるすべてのトランジスタは，原則として，導通状態のとき飽和領域で動作する．したがって，これらのトランジスタが導通状態から遮断状態にスイッチするときの所要時間は，**1.2.2** で述べた蓄積時間で制限される．

4.2.3 ECL 論理ゲート

ECL 論理ゲートは，飽和型論理ゲートにおける動作速度制限を解消する目的で考案されたもので，トランジスタを活性領域で動作させることにより実現され，別名**電流切換え論理ゲート** (CSL:current switch logic gate) とも呼ばれている．

ECL ゲートは，図 2.24(a) の差動増幅回路を基本回路として構成される．これを利用した 2 入力 NOR/OR ゲートの構成例を図 4.8 に示す．x_1, x_2 は入力値であり，y_1, y_2 は出力値である．V_R は，入力電圧が論理 1, 0 のいずれであるかを判定するための基準電圧であり，参照電圧と呼ばれる．$T_{r1} \sim T_{r3}$, $R_1 \sim R_3$ で構成される部分回路が NOR/OR 機能を実現するための回路であり，T_{r3} が付加されていること以外図 2.24(a) の回路と同じである．また，T_{r4} と R_4 および T_{r5} と R_5 はいずれもエミッタフォロワ回路 (**1.4** 参照) であり，入出力の電圧レベルを合わせるとともに，出力端子から取り出せる電流を大きくするために設けられている．さらに，T_{r6}, $R_6 \sim R_8$, D_1, D_2 からなる部分は参照電圧 V_R を生成するための回路である．入力値の 0 および 1 に対応する入力電圧の値をそれぞれ V_L および V_H とするとき，V_R はこれらの電圧の中間

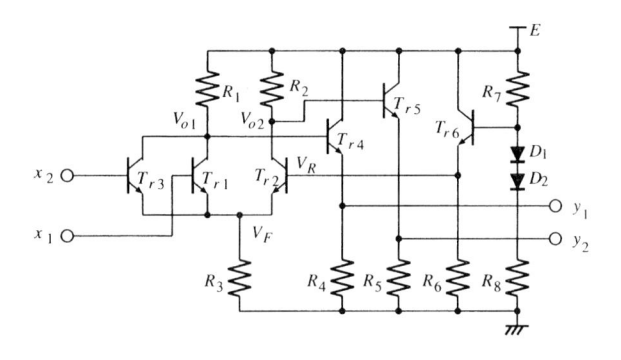

図 4.8　2入力 ECL NOR/OR ゲート

値 $(V_H + V_L)/2$ に選ばれる．D_1, D_2 は原理的には不要であるが，T_{r2} と T_{r6} のベース-エミッタ間電圧の温度変化を補正するために挿入されている[4]．

　x_1, x_2 の少なくとも一方が1になると，**2.3.4**で述べた差動増幅回路の原理から，R_3 に流れる電流の大部分が T_{r1}, T_{r3} の少なくとも一方に流れる．このため，$V_{o1} < V_{o2}$ となる．このとき $y_1(y_2)$ に対応する出力電圧は，$V_{o1}(V_{o2})$ の値から $T_{r4}(T_{r5})$ のベース-エミッタ間電圧を差引いた値となる．この値は $V_L(V_H)$ である．これに対して，$x_1 = x_2 = 0$ のとき，上述した場合と逆に $V_{o1} > V_{o2}$ となる．このとき，$y_1(y_2)$ に対応する出力電圧は $V_H(V_L)$ である．y_1 は $x_1 = x_2 = 0$ のとき 1，それ以外 0 となり，y_2 の値はこの否定となる．すなわち，y_1 および y_2 はそれぞれ2入力 NOR ゲートおよび2入力 OR ゲートの出力と等価である．

　以上述べたように，ECL ゲートに内蔵されるトランジスタは，常に活性領域で動作する．したがって，出力値が変化するとき，TTL ゲートのような蓄積時間は存在せず，極めて高速にスイッチできることになる．しかし，常に電源から接地に向けて貫通電流が流れるので，消費電流は大きくなる．

4.3　MOS 論理ゲート

　MOS 論理ゲートは，pMOS のみで構成される **pMOS 論理ゲート** (pMOS logic gate)[5]，nMOS のみで構成される **nMOS 論理ゲート** (nMOS logic gate)[5] および pMOS と nMOS のペアーを用いて構成される **CMOS 論理**

ゲート (complementary MOS logic gate) の 3 種に大別される．このうち，nMOS 論理ゲートと pMOS 論理ゲートは現在特殊な目的以外さほど利用されないが，CMOS 論理ゲートは低消費電力であるために広く利用されている．そこで本節では，CMOS 論理ゲートの構成・機能などを中心に述べる．

4.3.1 CMOS 論理ゲート

4.1 で述べた基本論理ゲートは CMOS 技術を利用してすべて実現することができる．図 4.9(a) は，**2.1.2** で述べたと同じ回路であり，インバータ (CMOS インバータ) としての機能をもつ．T_p および T_n は，それぞれ，nMOS および

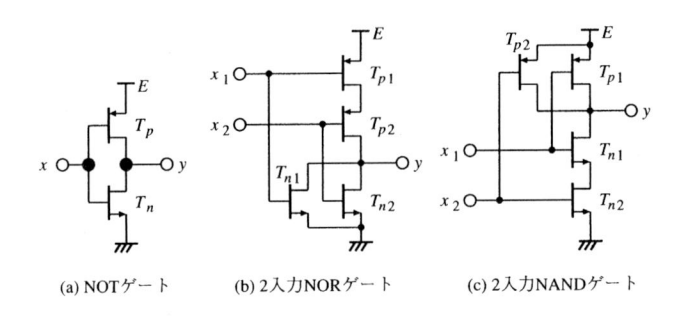

(a) NOT ゲート　　(b) 2 入力 NOR ゲート　　(c) 2 入力 NAND ゲート

図 4.9　CMOS 論理ゲート

pMOS である．CMOS 論理ゲートでは nMOS，pMOS いずれの場合にも，基盤とソースが直結されるので，以下同図のように簡略化した記号で表す．x および y は，それぞれ，入力値および出力値である．

図 4.9(b) は，2 入力 NOR ゲートである．$x_1 = 1$ かつ $x_2 = 0$ のとき，T_{p1} と T_{n2} が遮断状態，T_{p2} と T_{n1} が導通状態となるので，電源から出力端に至る経路が遮断されると同時に接地から出力端に至る経路が導通状態となり，$y = 0$ となる．$x_1 = 0$ かつ $x_2 = 1$ の場合も同様である．また，$x_1 = x_2 = 1$ の場合，T_{p1} と T_{p2} が遮断状態，T_{n1} と T_{n2} が導通状態となるので，同様に y は 0 となる．これに対して，$x_1 = x_2 = 0$ のとき，2 つの pMOS および 2 つの nMOS が，それぞれ，導通状態および遮断状態となるので，$y = 1$ となる．この論理ゲートが NOR 機能を実現していることは明らかである．

4.3 MOS 論理ゲート　　59

[問 4-5]　x_1, x_2 のすべての組合せに対して図 4.9(c) の回路の動作を調べ，NAND ゲートであることを確認せよ．

4.3.2　伝達ゲート

4.1 で述べた意味での論理ゲートではないが，論理回路では**伝達ゲート** (transmission gate) がしばしば利用される[6)]．伝達ゲートは別名**双方向ゲート** (bidirectional gate) とも呼ばれており，原理的にバイポーラトランジスタ，MOSFET のいずれでも実現できるが，ここでは MOSFET による回路について述べる．基本的な構成および記号を，それぞれ，図 4.10(a) および (b) に示す．x および y は，それぞれ，入力値および出力値であり，c は制御入力の論理値（$\bar{c}$ は c の否定）である．$c = 1(\bar{c} = 0)$ のとき，双方の MOSFET が導通状態となり，$y = x$ となる．また，$c = 0(\bar{c} = 1)$ のとき，双方の MOSFET が遮断状態となり，入出力間はハイインピーダンス状態となる．すなわち，伝達ゲートの機能は，3 ステートバッファ(**4.2.2** 参照) における出力端の機能と同じである．伝達ゲートは入出力を入れ換えても同様に動作する．

4.3.3　CMOS 3 ステートバッファ

図 4.11 に **CMOS 3 ステートバッファ**を示す．x および y はそれぞれ入力値および出力値であり，c, $\bar{c}$ は制御入力の値である．$c = 1(\bar{c} = 0)$ のとき，T_{p2} と T_{n2} は導通状態となり，これらの MOSFET のドレイン–ソース間抵抗は小さくなる．このため，T_{p3} のドレイン端子と T_{n3} のドレイン端子の双方が近似

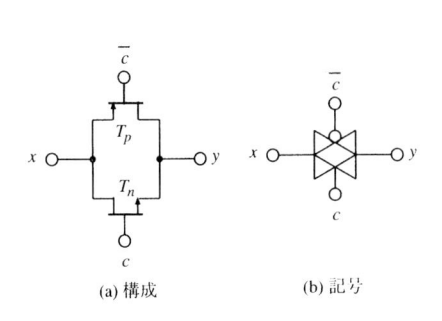

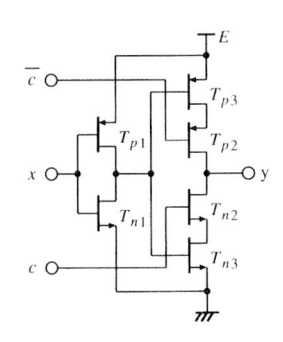

(a) 構成　　(b) 記号

図 4.10　CMOS 伝達ゲート　　図 4.11　CMOS 3 ステートバッファ

的に出力端子に直接接続されているものとみなすことができる．この結果，T_{p1} と T_{n1}，T_{p3} と T_{n3} がいずれもインバータを構成することになり，$y = x$ となる．他方，$c = 0 (\bar{c} = 1)$ のとき，T_{p2} と T_{n2} は遮断状態となるので，出力端子はフローティング状態となる．

以上の説明から明らかなように，CMOS論理ゲートでは，すべての入力値が論理 0 あるいは 1 に安定しているとき，電源 E から接地に至るすべての経路において，いずれかの MOSFET が遮断状態となり，回路全体として電流は流れない．結局，出力値が 0(1) から 1(0) に変化する途上においてのみ電流が流れるので，消費電力が極めて小さくて済む．

4.4 基本論理ゲートの性能

本章ではこれまで，入力値と出力値との関係，すなわち，論理機能にのみ着目して，基本論理ゲートの動作を述べてきた．しかし，実際の回路では，入力が 0 から 1 へ変化 (以下，$0 \to 1$ 変化と書く) したときあるいは 1 から 0 へ変化 (以下，$1 \to 0$ 変化と書く) したとき，**1章**で述べたダイオードやトランジスタの遅れに起因して，出力はある期間だけ遅れて変化する．この模様を図 4.12 に示す．V_i および V_o は，それぞれ，インバータの入力電圧および出力電圧である．一般に，信号の $0 \to 1$ 変化や $1 \to 0$ 変化には，必ず有限の時間が必要で

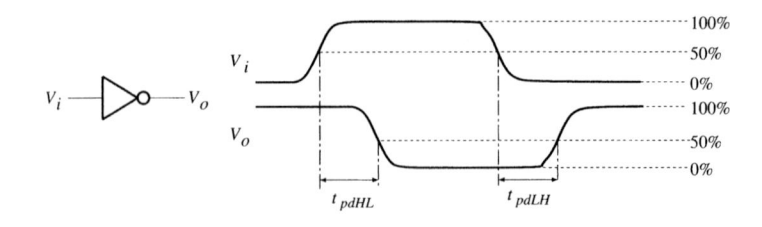

図 4.12 伝搬遅延時間の指定法

あるから，V_i の変化にも立上りと立下りに傾斜をもたせている．同図から明らかなように，入力が $0 \to 1$ 変化してから出力が $1 \to 0$ 変化するまでには，ある遅れ時間 t_{pdHL} を要している．同様に，入力の $1 \to 0$ 変化から t_{pdLH} だけ遅

4.4 基本論理ゲートの性能

れて出力の $0 \to 1$ 変化が生起している．このような入力の変化から出力の変化までの時間の遅れのことを**伝搬遅延時間** (propagation delay time) という．伝搬遅延時間は，インバータだけでなく，すべての基本論理ゲートの各入出力端子対に対しても定義される．基本論理ゲートの速度性能をより詳細に示す場合には，しばしば，伝搬遅延時間の他に **1 章**で述べた**立上り時間** (rising time)t_r と**立下り時間** (falling time)t_f が利用される．論理ゲートは伝搬遅延時間，立上り時間，立下り時間が小さいほど高速に動作する．

次に，**消費電力** (power consumption) について述べる．時計やノート型パーソナルコンピュータのような電池を利用する携帯用機器では，回路の消費電力をいかにして小さくするかが大きな問題となる．しかし，同一の技術により製造される場合，消費電力を小さくしようとすると，伝搬遅延時間が増えるという傾向がある．そこで，消費電力に関する性能を表す場合には，しばしば，上述した伝搬遅延時間も同時に考慮して，**伝搬遅延時間・消費電力積** (product of propagation delay time and power consumption) が用いられる．図 4.13 は，製造技術の相違により，消費電力と伝搬遅延時間の関係がどのように異なるかを示したものである[7,8]．横軸および縦軸は，それぞれ，消費電力および伝搬遅延時間である．破線は伝搬遅延時間・消費電力積を一定とした直線である．伝搬遅延時間と消費電力との関係が同一直線上にあれば同じ性能であり，また，この直線が原点に近いほど性能が良い．上図から，高速性という面では ECL 論

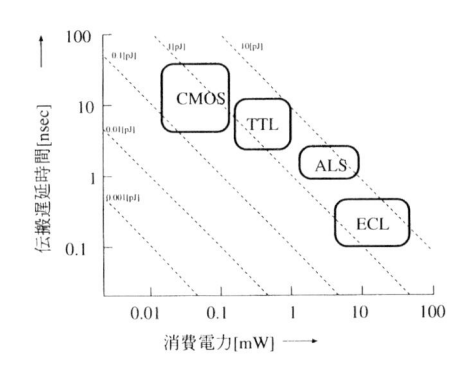

図 4.13 消費電力と伝搬遅延時間との関係

理ゲートが最も優れており，低消費電力という面ではCMOS論理ゲートが最も優れていることがわかる．また，伝搬遅延時間・消費電力積の面でもCMOSが最も良い．

基本論理ゲートの性能を表す指標には，この他に，**ノイズマージン** (noise margin)，**ファンアウト** (fan out) などがあり，広く利用されている．

ノイズマージンは，基本論理ゲートの入力端子に直流的な電圧ノイズが重畳されるとき，基本論理ゲートが正しく動作することのできるノイズ電圧の上限値として定義される．この値は高レベルの電圧と低レベルの電圧の差 (**論理振幅** (logic amplitude)) が大きいほど大きい[4]．電源電圧を5[V]としたときの論理振幅は，ECL論理ゲートの場合約1[V]，TTL論理ゲートの場合約3.6[V]，CMOS論理ゲートの場合約5[V]となって，ノイズマージンの観点からは，CMOS論理ゲートが最も良く，ECL論理ゲートは最も悪いことになる．ECL論理ゲートを用いてディジタル回路を構成する場合には，ノイズ対策に十分注意を払う必要がある．

ファンアウトは，基本論理ゲートの出力に接続できる同種の基本論理ゲートの数の上限値として定義される．この値は，基本論理ゲートの出力から取り出すことのできる電流あるいはこれに流し込むことのできる電流の上限値に依存する．TTL論理ゲートのファンアウトは，入力抵抗が小さいので，10程度である．また，ECL論理ゲートのファンアウトは，出力部にエミッタフォロワを用いているので，TTL論理ゲートと同様にバイポーラトランジスタを用いているにもかかわらず，25程度に増加する．これに対して，CMOS論理ゲートのファンアウトは，MOSFETの入力抵抗が極めて大きいので，100以上となる．しかし，MOSFETでは容量性の負荷が大きいために，1つの出力に対して多数のゲートを接続する場合には，伝搬遅延時間が増大する．

文献

1) 田崎三郎，井上克司，為貞建臣，岡本卓爾：電子回路II(吉田典可，福井廉編)，pp.87-89，朝倉書店 (1984).
2) 田村進一：ディジタル回路，pp.192-193，昭晃堂 (1987).
3) 菅野卓雄 (監)，永田穣 (編)：超高速バイポーラ・デバイス，pp.26-59，培風館 (1985).

4) 小林隆夫, 高木茂孝：ディジタル集積回路, pp.140-145, 昭晃堂 (2000).
5) 樋口龍雄, 江刺正喜：電子情報回路 II, pp.66-71, 昭晃堂 (1989).
6) 菅野卓雄 (監), 飯塚哲哉 (編)：MOS 超 LSI の設計, pp.13-23, 培風館 (1994).
7) 最新 74 シリーズ規格表, CQ 出版 (1998).
8) 最新 CMOS デバイス規格表, CQ 出版 (1998).
9) J.P. Uyemura："CMOS Logic Circuit Design", pp.193-214, Kluwer Academic (1999).

演習問題

[1] 図 4.14 の (a) ～ (d) の回路の機能が論理的にすべて等価であることを確かめよ.

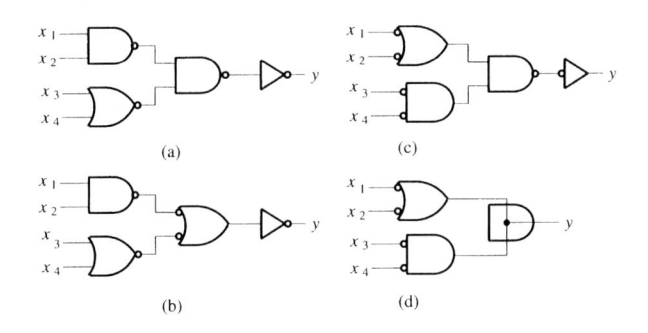

図 4.14 同じ機能をもつ論理回路

[2] 図 4.15 の TTL 論理ゲートにおいて，導通状態のトランジスタのベース–エミッタ間電圧およびコレクタ–エミッタ間電圧を，それぞれ，0.7[V] および 0[V] とする．次の問に答えよ．
   (a) この回路の真理値表を作成せよ．
   (b) $x_1 = 5[V]$, $x_2 = 0[V]$ のときの各部の電圧 $V_1 \sim V_6$ を求めよ．
   (c) $x_1 = 0[V]$, $x_2 = 0[V]$ のときの $V_1 \sim V_6$ を求めよ．
[3] 図 4.16 の CMOS 論理ゲートの真理値表を作成せよ．
[4] 伝搬遅延時間，消費電力，ノイズマージン，ファンアウトに着目して，TTL 論理ゲート，ECL 論理ゲート，CMOS 論理ゲートの性能を比較検討せよ．

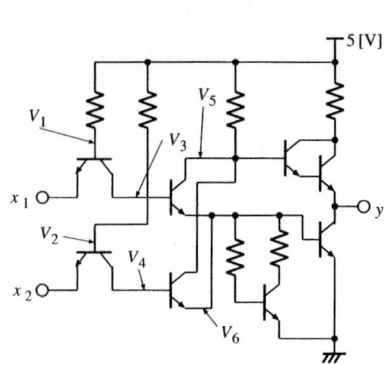

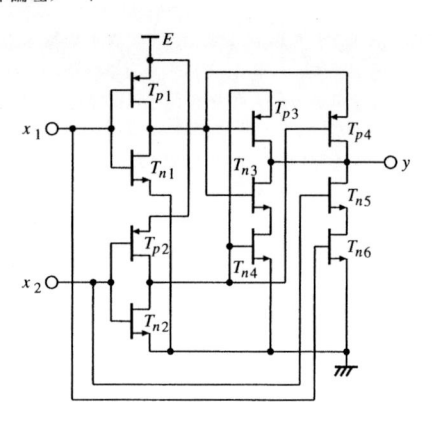

図 4.15 TTL 論理ゲート   　　　図 4.16 CMOS 論理ゲート

5

論理関数とその簡単化

　各入力値を0または1に固定したとき，出力値がそれに応じて0または1に安定するようなディジタル回路のことを**論理回路** (logic circuit) という．論理回路には，入力値だけで出力値が一意に決まる**組合せ論理回路** (combinational circuit) と，入力値だけでは出力値が一意に決まらない**順序回路** (sequential circuit) がある．本章では，このうちの組合せ論理回路だけを対象に，後続の章を理解するための最小限の基礎理論として，論理回路の数学的モデルとしての論理関数とその性質，並びに論理関数の簡単化法について述べる．簡単化法は論理回路を極力安価に実現するための論理レベルでの方法である．

5.1　組合せ論理回路の定義

　図 5.1 の回路が組合せ論理回路であるとする．$x_1, x_2, \cdots, x_n$ は入力値，y は出力値を表す．y の値は $x_1, x_2, \cdots, x_n$ の値だけで 0 か 1 かに決まるので，

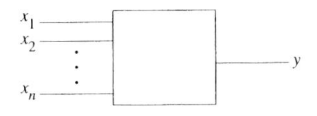

図 5.1　組合せ論理回路の入出力

この関数関係を f で表せば，

$$y = f(x_1, x_2, \cdots, x_n) \tag{5.1}$$

と書ける．$x_1, x_2, \cdots, x_n$ のことを**論理変数** (logic variable) または単に変数といい，f のことを n 変数論理関数 (logic function) あるいは n 変数出力関数 (output function) という．

論理変数の値の組合せは，$00\cdots0$ から $11\cdots1$ までの 2^n 通りあって，f の値は 2^n 通りのうちのある部分集合に対してのみ1となり，それ以外0となる．したがって，一般に，n 変数論理関数の種類は，2^n 個の要素からなる集合の部分集合の数に等しく，2^{2^n} 個ある．

4.1で述べた基本論理ゲートはすべて組合せ論理回路である．3変数論理関数は $2^{2^3} = 256$ 個あり，3入力NANDゲートの出力関数や3入力NORゲートの出力関数はこの中の1つである．

5.2　論理演算とその性質

真か偽が明確に決まる文のことを命題という．表4.1で示した演算，例えばAND演算やOR演算は命題の真偽に関する演算であって，一般には，**論理演算** (logic operation) という．命題の真および偽をそれぞれ1および0で表すことにすれば，式(5.1) の各論理変数の値は1つの命題の真偽に対応し，出力関数の値は論理演算の結果の真偽に対応する．すなわち，この出力関数は n 個の命題に関する論理演算を表す．

基本的な演算であるNOT演算，AND演算，OR演算およびXOR演算を表す記号として，以下それぞれ，$\overline{}$，$\cdot$，$+$ および $\oplus$ を用いることにする．

[問 5-1]　図5.2の回路例の出力関数 f を求めよ．
略解：$f = a \cdot b \cdot c + \overline{a} \cdot b \cdot \overline{c} + \overline{a} \cdot \overline{b} \cdot c + a \cdot \overline{b} \cdot \overline{c}$
[問 5-2]　表4.1のNAND演算，NOR演算，XNOR演算を上記の演算記号で示せ．
略解：NAND演算は $\overline{x_1 \cdot x_2}$，NOR演算は $\overline{x_1 + x_2}$，XNOR演算は $\overline{x_1 \oplus x_2}$．

論理演算ではよく知られた**ブール代数** (Boolean algebra) の公式が成り立つ[1]．そこで本節では，あとの章の準備のためにこれらの公式のみを列挙しておく．a,

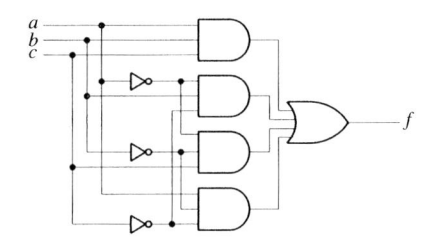

図 5.2 組合せ論理回路の例

b, c は 0 か 1 かの値をとる変数である．以下に述べる公式においては，‾ で示される NOT 演算は $+$, $\cdot$, $\oplus$ 演算に優先して実行されるものとする．

$$(\text{べき等律}) \quad a + a = a \tag{5.2a}$$

$$a \cdot a = a \tag{5.2b}$$

$$(\text{結合律}) \quad (a + b) + c = a + (b + c)$$
$$= a + b + c \tag{5.3a}$$

$$(a \cdot b) \cdot c = a \cdot (b \cdot c)$$
$$= a \cdot b \cdot c \tag{5.3b}$$

$$(\text{交換律}) \quad a + b = b + a \tag{5.4a}$$

$$a \cdot b = b \cdot a \tag{5.4b}$$

$$(\text{吸収律}) \quad (a + b) \cdot a = a \tag{5.5a}$$

$$(a \cdot b) + a = a \tag{5.5b}$$

$$(\text{分配律}) \quad (a + b) \cdot (a + c) = a + (b \cdot c) \tag{5.6a}$$

$$(a \cdot b) + (a \cdot c) = a \cdot (b + c) \tag{5.6b}$$

$$(\text{相補律}) \quad a + 0 = a \ , \ a + 1 = 1 \tag{5.7a}$$

$$a \cdot 0 = 0 \ , \ a \cdot 1 = a \tag{5.7b}$$

$$a + \bar{a} = 1 \tag{5.7c}$$

$$a \cdot \bar{a} = 0 \tag{5.7d}$$

また，集合演算と同様に次のド・モルガンの定理 (de Morgan's theorem) も成

り立つ.

$$\overline{a+b} = \overline{a}\cdot\overline{b} \tag{5.8a}$$

$$\overline{a\cdot b} = \overline{a}+\overline{b} \tag{5.8b}$$

排他的論理和演算 (XOR 演算) は，否定，論理和，論理積を用いて，次のように表現できる．

$$a \oplus b = (\overline{a}\cdot b) + (a\cdot\overline{b}) \tag{5.9}$$

式 (5.9) において，$b=1$ とすれば次式が成り立つ．

$$\overline{a} = a \oplus 1 \tag{5.10}$$

以下，これらの公式を利用する際には，記号 $+$, $\oplus$ に優先して計算するという約束のもとで，記号・あるいは論理積に付された括弧を省略することがある．

いま，3 変数論理関数 f が次のように与えられたとする．

$$f = xy\overline{z} + x\overline{y}z + \overline{x}yz + xyz \tag{5.11}$$

これは xyz の値が 110, 101, 011 および 111 のとき 1 となる関数である．f はブール代数の公式を利用して，次のように整理することができる．

$$\begin{aligned}
f &= xy\overline{z} + x\overline{y}z + \overline{x}yz + xyz + xyz + xyz & &\text{(式 (5.2a) を利用)} \\
  &= xy\overline{z} + xyz + x\overline{y}z + xyz + \overline{x}yz + xyz & &\text{(式 (5.4a) を利用)} \\
  &= xy(\overline{z}+z) + xz(\overline{y}+y) + yz(\overline{x}+x) & &\text{(式 (5.4b),(5.6b) を利用)} \\
  &= xy + xz + yz & &\text{(式 (5.7b),(5.7c) を利用)}
\end{aligned}$$

[問 5-3]　ブール代数の公式を使って $x\overline{z} + xy + yz = x\overline{z} + yz$ であることを示せ．
ヒント：べき等律と相補律を使え．

[問 5-4]　図 5.3(a) の出力関数 g_1 と (b) の出力関数 g_2 が一致することを示せ．
ヒント：式 (5.5b), (5.7c) を使え．
略解：$g_1 = a\overline{b} + b = a\overline{b} + ab + b = a(\overline{b}+b) + b = a + b = g_2$．

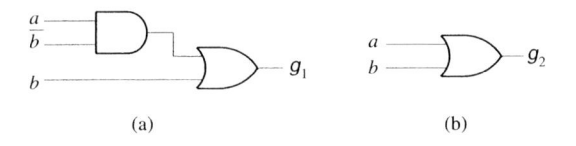

図 5.3　同じ出力関数をもつ回路

5.3　積和標準形と和積標準形

n 変数論理関数の変数を x_1, x_2, $\cdots$, x_n で表すことにする．n 個の変数の値の組，例えば，各変数の値が $1,0,1,\cdots,0$ である条件は $x_1 = 1$ かつ $\overline{x_2} = 1$ かつ $x_3 = 1 \cdots$ かつ $\overline{x_n} = 1$ であるから，$x_1 \cdot \overline{x_2} \cdot x_3 \cdot \cdots \cdot \overline{x_n} = 1$ と書ける．この式左辺のように，変数またはその否定の論理積を表す表現のことを論理積項あるいは単に**積項** (product term) という．また，この例のようにすべての変数 (n 個) を含む積項のことをとくに**最小項** (minterm) という．これに対して，n 個の変数またはその否定の論理和を表す表現のことを**和項** (sum term) といい，とくにすべての変数を含む和項のことを**最大項** (maxterm) という．例えば，$x_1 + x_2 + \overline{x_3} + \cdots + \overline{x_n}$ は最大項である．n 変数の場合，最小項，最大項がいずれも 2^n 個存在することは明らかである．

表 5.1 の真理値表で与えられる論理関数 f を考える．f は変数 x, y, z の値

表 5.1　論理関数 f の真理値表

x	y	z	f
0	0	0	0
0	0	1	0
0	1	0	0
0	1	1	1
1	0	0	0
1	0	1	1
1	1	0	1
1	1	1	1

が 011, 101, 110, 111 のいずれかをとるときのみ 1 となる関数である．したがって，

$$f = \overline{x}yz + x\overline{y}z + xy\overline{z} + xyz \tag{5.12}$$

と書ける．すなわち，f が最小項の論理和として表現できたことになる．このような表現は，真理値表が与えられる限り，変数の数や論理関数に含まれる最小項の数に関係なく可能である．このことから，任意の論理関数が最小項の論理和の形で表現できることが理解されよう．このように最小項の論理和の形で表現した論理関数の表現形式のことを**積和標準形** (canonical disjunctive form)[2) という．

次に，表 5.1 の論理関数を例にとって，別の標準形を考える．$\overline{f}$ が 1 となるのは f が 0 となる場合，すなわち，x, y, z が 000, 001, 010, 100 の場合であるから，式 (5.12) と同様にして，次式が得られる．

$$\overline{f} = \overline{x}\,\overline{y}\,\overline{z} + \overline{x}\,\overline{y}\,z + \overline{x}\,y\,\overline{z} + x\,\overline{y}\,\overline{z}$$

上式の否定をとり，ド・モルガンの定理を用いて変形すると，次のようになる．

$$\begin{aligned} f = \overline{\overline{f}} &= \overline{\overline{x}\,\overline{y}\,\overline{z} + \overline{x}\,\overline{y}\,z + \overline{x}\,y\,\overline{z} + x\,\overline{y}\,\overline{z}} \\ &= \overline{\overline{x}\,\overline{y}\,\overline{z}} \cdot \overline{\overline{x}\,\overline{y}\,z} \cdot \overline{\overline{x}\,y\,\overline{z}} \cdot \overline{x\,\overline{y}\,\overline{z}} \\ &= (x+y+z)(x+y+\overline{z})(x+\overline{y}+z)(\overline{x}+y+z) \end{aligned} \tag{5.13}$$

この結果から，f は最大項の論理積の形にも表現できることがわかる．上の例から予測されるように，任意の n 変数論理関数は，最大項の論理積の形にも表現できる．このような表現形式のことを**和積標準形** (canonical conjunctive form)[2) という．

例えば，3 変数論理関数 $h = x_1 \oplus x_2 \oplus x_3$ の積和標準形および和積標準形は，それぞれ，式 (5.14a) および (5.14b) で与えられる．

$$\begin{aligned} h &= x_1 \oplus x_2 \oplus x_3 \\ &= (x_1\overline{x_2} + \overline{x_1}x_2) \oplus x_3 \\ &= (x_1\overline{x_2} + \overline{x_1}x_2)\overline{x_3} + \overline{(x_1\overline{x_2} + \overline{x_1}x_2)}x_3 \\ &= x_1\,\overline{x_2}\,\overline{x_3} + \overline{x_1}\,x_2\,\overline{x_3} + (\overline{x_1} + x_2)(x_1 + \overline{x_2})x_3 \\ &= x_1\,\overline{x_2}\,\overline{x_3} + \overline{x_1}\,x_2\,\overline{x_3} + \overline{x_1}\,\overline{x_2}\,x_3 + x_1\,x_2\,x_3 \end{aligned} \tag{5.14a}$$

$$\overline{h} = \overline{x_1}\ \overline{x_2}\ \overline{x_3} + x_1\ x_2\ \overline{x_3} + x_1\ \overline{x_2}\ x_3 + \overline{x_1}\ x_2\ x_3$$
$$h = \overline{\overline{h}} = (x_1 + x_2 + x_3)(\overline{x_1} + \overline{x_2} + x_3)$$
$$(\overline{x_1} + x_2 + \overline{x_3})(x_1 + \overline{x_2} + \overline{x_3}) \tag{5.14b}$$

[問 5-5]　3変数論理関数 $g = x\ \overline{z} + \overline{x}\ \overline{y}$ を積和標準形および和積標準形で表せ．

略解：積和標準形　$x\ \overline{y}\ \overline{z} + x\ y\ \overline{z} + \overline{x}\ \overline{y}\ \overline{z} + \overline{x}\ \overline{y}\ z$．

和積標準形　$(\overline{x} + \overline{y} + \overline{z})(\overline{x} + y + \overline{z})(x + \overline{y} + z)(x + \overline{y} + \overline{z})$．

[問 5-6]　n 変数論理関数 $g = x_1 + x_2 + \cdots + x_n$ は何個の最小項に対して 1 となるか．

ヒント：$g = 0$ となる最小項に着目せよ．

略解：$2^n - 1$ 個．

5.4　基本論理ゲートによる組合せ論理回路の合成

5.4.1　完　全　系

5.3 では，任意の論理関数が，積和標準形と和積標準形に表現できることを学んだ．本節では積和標準形で表現された論理関数を組合せ論理回路として構成することを考える．組合せ論理回路の構成には，**4.1** で述べたインバータ，AND ゲート，OR ゲートの 3 種類が利用できるものとする．

積和標準形に含まれている変数の否定は，表 4.1 のインバータにより実現することができ，積和標準形に含まれる各最小項は，変数の肯定または否定の論理積となっているので，変数の否定が利用できるという前提のもとで，表 4.1 の AND ゲートにより実現できる．また，各最小項が実現されているという前提のもとで，各最小項の和は OR ゲートにより実現できる．すなわち，積和標準形で与えられた論理関数はインバータ，AND ゲートおよび OR ゲートを利用して実現できる．すべての論理関数が積和標準形に変形できるという **5.3** の

結果を勘案すると，結局，任意の論理関数が上述した3種のゲートで実現できることになる．

例えば，次の3変数論理関数 g が与えられたとする．

$$g = a\bar{b}c + \bar{a}b\bar{c} + abc \tag{5.15}$$

上の説明に従って論理回路を構成すると，図 5.4 の回路が得られる．

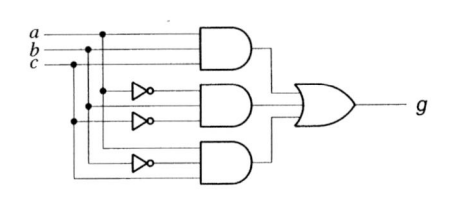

図 5.4　g を実現した回路

[問 5-7]　和積標準形で表現した任意の論理関数がインバータ，AND ゲートおよび OR ゲートを利用して実現できることを説明せよ．

上に述べた結果をやや理屈っぽく表現すれば，「任意の論理関数は，否定関数，AND 関数，OR 関数を用いて合成できる」と書き下すこともできる．このように任意の論理関数を合成することのできる関数の組のことを**完全系** (complete set) という．完全系はこれ以外にも種々ある[3]が，とくに1種類の関数だけからなるものとして，NAND 関数 (NAND ゲートの出力関数) や NOR 関数 (NOR ゲートの出力関数) がある．例えば，否定関数 $\bar{x}$，AND 関数 xy および OR 関数 $x+y$ は NAND 関数のみを用いて，それぞれ，$\overline{x \cdot x}$，$\overline{\overline{xy} \cdot \overline{xy}}$ および $\overline{\overline{xx} \cdot \overline{yy}}$ と表現できる．

[問 5-8]　$\overline{x \cdot x}$, $\overline{\overline{xy} \cdot \overline{xy}}$, $\overline{\overline{xx} \cdot \overline{yy}}$ を 2 入力 NAND ゲートのみにより実現せよ．

5.4.2　論理関数の表現と回路の複雑さ

5.4.1 では，任意の論理回路が完全系に対応する基本論理ゲートの組だけに

5.4 基本論理ゲートによる組合せ論理回路の合成

より実現できることを述べた．しかし，1つの論理関数の表現形式は，積和標準形や和積標準形の他にも種々(正確には無限の種類)存在するので，どのような表現形式からどのような回路に変換するかが大きな問題となる．

例えば，次の3変数論理関数 y はブール代数の公式を利用して以下のように変形できる．

$$y = \overline{x_1}\,\overline{x_2}\,\overline{x_3} + \overline{x_1}\,\overline{x_2}\,x_3 + x_1\,\overline{x_2}\,\overline{x_3} + x_1\,\overline{x_2}\,x_3$$
$$+ x_1\,x_2\,\overline{x_3} + x_1\,x_2\,x_3 \tag{5.16a}$$
$$= \overline{x_1}\,\overline{x_2} + x_1\,\overline{x_2} + x_1\,x_2 \tag{5.16b}$$
$$= x_1 + x_1\,\overline{x_2} + \overline{x_2} \tag{5.16c}$$
$$= x_1 + \overline{x_1}\,\overline{x_2} \tag{5.16d}$$
$$= x_1 + \overline{x_2} \tag{5.16e}$$

いま，式 (5.16b), (5.16c), (5.16d) および (5.16e) をもとに，インバータ，AND ゲート，OR ゲートを利用して回路を構成すると，それぞれ，図 5.5(a), (b), (c) および (d) のようになる．この結果からわかるように，同一の論理関数であっても，回路の複雑さはその表現形式により異なり，しかも，直感的にみて表現が複雑であればあるほど回路構成も複雑になることがわかる．

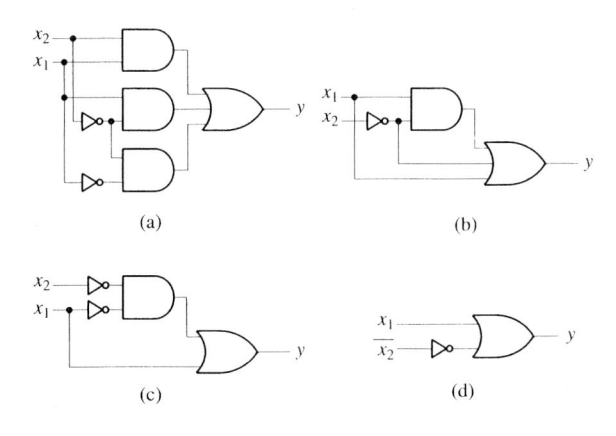

図 5.5 論理式の表現形式による回路の相違

次に，もう 1 つ例を示そう．2 進化 10 進法では，図 5.6 のように，4 桁の

2進化10進数	x_1	x_2	x_3	x_4
0	0	0	0	0
1	0	0	0	1
2	0	0	1	0
3	0	0	1	1
4	0	1	0	0
5	0	1	0	1
6	0	1	1	0
7	0	1	1	1
8	1	0	0	0
9	1	0	0	1
don't care	1	0	1	0
don't care	1	0	1	1
don't care	1	1	0	0
don't care	1	1	0	1
don't care	1	1	1	0
don't care	1	1	1	1

図 5.6　2 進化 10 進法

$x_1 x_2 x_3 x_4$ の値 0000〜1001 を 0〜9 の数字に対応させ，1010〜1111 は使用しない．すなわち，2 進化 10 進法において 1010〜1111 は起こり得ない．このように変数の値の組の中に起こり得ないものがあるとき，それらの組は**組合せ禁止** (don't care) であるという．2 進化 10 進法の場合，8 は 1000 であって，$x_1 \overline{x_2}\,\overline{x_3}\,\overline{x_4}$ と書けるが，組合せ禁止を考慮すれば，$x_1 = 1$ かつ $x_4 = 0$ となる入力の組は，1000 以外に起こり得ず，$x_1 \overline{x_4}$ とも書ける．すなわち，8 の検出は，組合せ禁止を考慮しないとき $f_1 = x_1 \overline{x_2}\,\overline{x_3}\,\overline{x_4}$ となるが，これを考慮すると $f_2 = x_1 \overline{x_4}$ と単純化される．この場合，$f_1 \neq f_2$ であるが，いずれも 8 を検出できる．回路の複雑さからみて，f_2 のほうが合理的であることも明らかである．

[問 5-9]　2 進化 10 進法の 6 は $x_2 x_3 \overline{x_4} = 1$ により検出できることを確かめよ．

この例からも明らかなように，組合せ禁止のあるときの回路の複雑さは，それを実現するために利用される論理関数そのものとその表現形式の双方に支配されることになる．したがって，組合せ禁止を考慮した一般の組合せ論理回路

の設計では，所望の条件を満たす論理関数の中から，最も単純な表現形式となるものを見つけることが重要となる．

5.5 論理関数の簡単化

5.4 で述べたように，論理回路の複雑さは，それを実現するときに利用される論理関数の表現形式に依存する．そこで論理回路の設計では，通常，組合せ論理回路の具体的な構成を考える前に，論理関数の段階で極力表現形式の単純なものを探索するという方法がとられる．このような論理関数とその最も簡単な表現形式を見つけることを以下論理関数の**簡単化** (simplification) といい，最も簡単な表現形式のことを最簡形式という．

論理関数を簡単化するための代表的な方法として，**カルノ図** (Karnaugh map)[4] による方法と**クワイン–マクラスキー** (Quine–McCluskey) の方法[4] がよく知られているが，本書の目的は論理設計を深く追求することではないので，ここではカルノ図による方法の概略のみを説明することにする．

5.5.1 カルノ図と主項

論理積の論理和の形で記述された論理関数の表現形式のことを**積和形** (sum of products) といい，論理和の論理積の形で記述された論理関数の表現形式のことを**和積形** (product of sums) という．5.4 で述べた最小項の論理和による表現は積和形表現の 1 つであるから，任意の論理関数は積和形表現により記述することができることになる．しかし，最小項の論理和表現はより単純な積和形表現に変換できることが多い．例えば式 (5.17a) と (5.17b) は同一の論理関数であるが，積和標準形でない式 (5.17b) のほうがより単純である．

$$f_1 = \overline{x}\,y\,z + x\,\overline{y}\,\overline{z} + x\,y\,\overline{z} + x\,y\,z \tag{5.17a}$$

$$= x\,\overline{z} + y\,z \tag{5.17b}$$

カルノ図による最簡形式の導出は，積和形表現を対象とした場合，この例を一般化して，(I) 論理積項の数が最小，かつ，(II) すべての論理積項に含まれる文字 (x と $\overline{x}$ は別の文字) 数の和が最小の表現形式を見出すことと記述すること

ができる．この表現形式を利用すれば，変数の肯定を表す信号と否定を表す信号が利用できるものとして，ANDゲートとORゲートのみにより構成した最も単純な回路が得られる．ここではカルノ図による最簡形式の導出法を述べる前に，そのための準備として，カルノ図と**主項** (prime implicant) について述べておく．

カルノ図の構造を図 5.7 に示す．(a) は 2 変数論理関数のカルノ図である．1

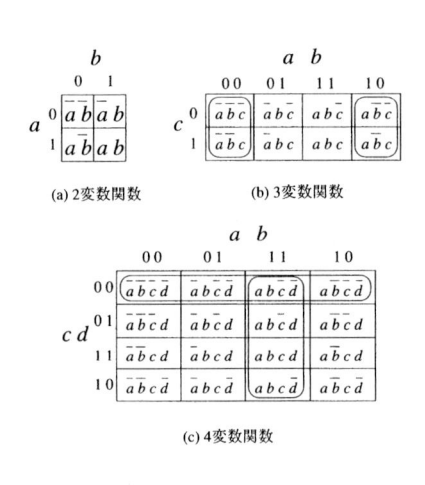

(a) 2変数関数

(b) 3変数関数

(c) 4変数関数

図 5.7 カルノ図

つの正方形が 2 変数 a, b の 0, 1 の組合せに対応して 4 つの小正方形に区分されており，それぞれ対応する最小項が記入されている．そして，縦または横に隣接する 2 つの最小項は，必ず 1 つの論理積にまとめて表現できるように並べられている．例えば，縦に並んだ左半面の 2 つの最小項は $\bar{a}\bar{b} + a\bar{b} = \bar{b}$ として 1 つの論理積で表現できる．同図 (b) および (c) は，それぞれ，3 変数論理関数および 4 変数論理関数のカルノ図である．これらのカルノ図では，縦または横に隣接した最小項の他に，上下の両端あるいは左右の両端に位置する 2 つの最小項も 1 つにまとめることができる．さらに，いずれのカルノ図についても，特定の位置関係にある 2 のべき乗個の最小項が 1 つの論理積で表現できるように並べられている．例えば，同図 (b) の実線で囲まれた 2 群の最小項あるいは同図 (c) の実線で囲まれた 4 つの最小項は，$\bar{b}$, $\bar{c}\bar{d}$, ab として 1 つの項

5.5 論理関数の簡単化

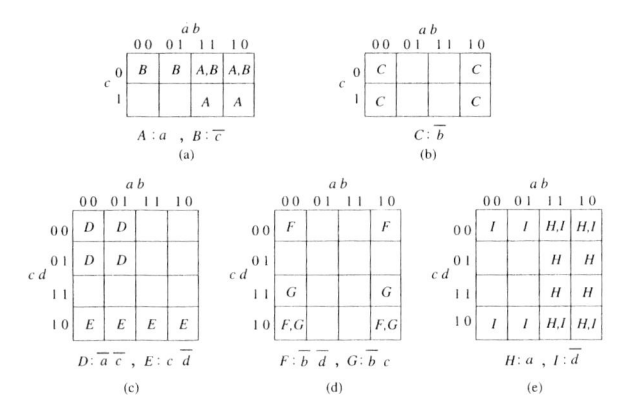

```
    a b
   00 01 11 10
 0 | B | B |A,B|A,B|
c
 1 |   |   | A | A |
    A : a , B : $\bar{c}$
        (a)
```

```
    a b
   00 01 11 10
 0 | C |   |   | C |
c
 1 | C |   |   | C |
       C : $\bar{b}$
        (b)
```

```
       a b
      00 01 11 10
   00| D | D |   |   |
   01| D | D |   |   |
cd 11|   |   |   |   |
   10| E | E | E | E |
   D : $\bar{a}\,\bar{c}$ , E : c $\bar{d}$
           (c)
```

```
       a b
      00 01 11 10
   00| F |   |   | F |
   01|   |   |   |   |
cd 11| G |   |   | G |
   10|F,G|   |   |F,G|
   F : $\bar{b}\,\bar{d}$ , G : $\bar{b}$ c
           (d)
```

```
       a b
      00 01 11 10
   00| I | I |H,I|H,I|
   01|   |   | H | H |
cd 11|   |   | H | H |
   10| I | I |H,I|H,I|
     H : a , I : $\bar{d}$
           (e)
```

図 5.8 2 のべき乗個の小正方形のまとめ方

にまとめることができる．また，図 5.8(a)〜(e) のカルノ図で同一文字で示した小正方形の最小項も 1 つにまとめて表現できる．

　カルノ図により論理関数を簡単化しようとする場合には，まず，論理関数の値を 1 とすべき最小項の集合を求め，各最小項に対応する小正方形には 1 を記入し，他の小正方形には 0 を記入するか何も記入しない．記入例を図 5.9 に示す．これは 4 変数論理関数の場合で，関数値が 11 個の最小項に対して 1 にな

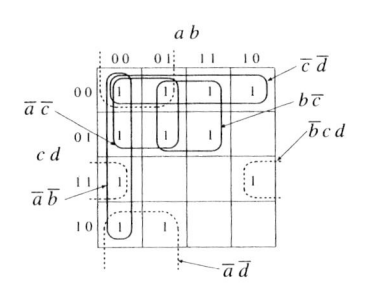

図 5.9 4 変数論理関数の記入例

る場合である．この論理関数の簡単化問題は，上述した条件 (I), (II) から，カルノ図上のすべての 1 を包含するような最小数かつ文字数の和最小の論理積項集合を求める問題に帰着する．このことから，この問題を解く過程においては，

カルノ図上で極力多くの1を包含する論理積項を求めることが必要となる．このような論理積項が**主項**である．図5.9の場合，正方形や長方形で囲んだ4つの1，あるいは破線で囲んだ上下の4つの1や左右の2つの1が，すべて1つの論理積で表現されるが，これ以上の1を含めると1つの論理積では表現できない．すなわち，$\bar{a}\bar{c}$, $b\bar{c}$, $\bar{a}\bar{b}$, $\bar{c}\bar{d}$, $\bar{a}\bar{d}$, $\bar{b}cd$ はすべて主項である．また，上図には存在しないが，どの最小項ともまとめられない孤立した最小項も主項である．

図5.10は2進化10進法の8を表すカルノ図である．ϕを記入した小正方形

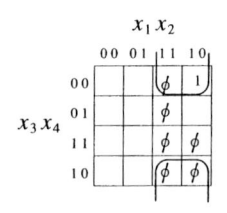

$x_1 x_2$

	00	01	11	10
00			ϕ	1
01			ϕ	
11			ϕ	ϕ
10			ϕ	ϕ

$x_3 x_4$

図 5.10 2進化10進法の8の記入例

は，組合せ禁止(2進化10進法では用いられない)の最小項に対応している．主項を求める場合，ϕは0,1いずれとみなしても差し支えない．したがって，この場合，組合せ禁止の最小項 $x_1\, x_2\, \overline{x_3}\, \overline{x_4}$, $x_1\, x_2\, x_3\, \overline{x_4}$, $x_1\, \overline{x_2}\, x_3\, \overline{x_4}$ を1とみなせば，10進法の8に対応する主項は $x_1\, \overline{x_4}$ となる．

[問 5-10] 図5.11(a)および(b)の論理関数のすべての主項を求めよ．
略解：(a) $\overline{x_1}$, $\overline{x_2}\, x_3$
　　　　(b) a, $b\,\bar{c}$, $\bar{b}\,c\,\bar{d}$

5.5.2　カルノ図による簡単化法

簡単化に際して，カルノ図には1またはϕが記入済みであり，かつ，すべての主項が抽出済であるとする．論理関数の簡単化はすべての主項の中からその論理関数の最簡形式に必要不可欠なものを抽出することから始まる．最簡形式に必要不可欠な主項のことをとくに**必須項** (essential term) という．

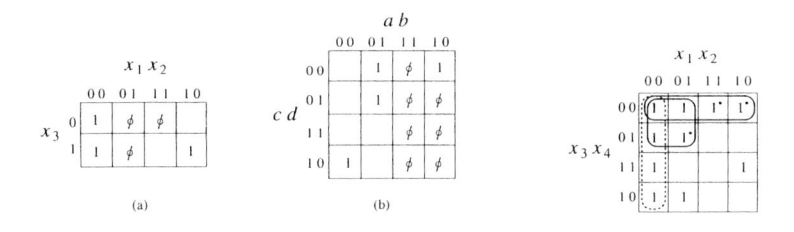

図 5.11 カルノ図に記入した論理関数　　　　**図 5.12** 必須項の探索法

必須項は次のようにして探索することができる．主項に含まれる各1がその主項に含まれないカルノ図上のいずれかの1またはϕとまとめられるか否かを調べる．そして，そのうちの1つでもまとめられないものがあれば，その主項は必須項であり，そうでないとき必須項ではない．例えば，図5.12のカルノ図で左上の四角で囲んだ主項は4つの1をもつ．そのうちの$\overline{x_1}\ \overline{x_2}\ \overline{x_3}\ \overline{x_4}$，$\overline{x_1}\ x_2\ \overline{x_3}\ \overline{x_4}$ および $\overline{x_1}\ \overline{x_2}\ \overline{x_3}\ x_4$ に対応する3つの1は，それぞれ，その四角の外側にまとめることのできる最小項 $\overline{x_1}\ \overline{x_2}\ x_3\ \overline{x_4}$（または $x_1\ \overline{x_2}\ \overline{x_3}\ \overline{x_4}$），$\overline{x_1}\ x_2\ x_3\ \overline{x_4}$（または $x_1\ x_2\ \overline{x_3}\ \overline{x_4}$）および $\overline{x_1}\ \overline{x_2}\ x_3\ x_4$ をもつが，$\overline{x_1}\ x_2\ \overline{x_3}\ x_4$ に対応する1はまとめることのできる最小項をもたない．したがって，この主項 $\overline{x_1}\ \overline{x_3}$ はこの論理関数の最簡形式にとって必須項である．同様に，主項 $\overline{x_3}\ \overline{x_4}$ についても，右肩に・印を付した2つの1がまとめられる相手を外部にもたないから必須項である．しかし，破線で囲んだ $\overline{x_1}\ \overline{x_2}$ については，内部のすべての1がまとめられる相手を外部にもつので必須項でない．

次に，最簡形式を求める手続きについて述べる．上に述べたようにして求めたすべての必須項によりカルノ図上のすべての1が被覆された場合，最簡形式は次のように一意に決まる．例えば，図5.13(a) の場合，必須項は $\overline{x_1}\ \overline{x_3}$，$\overline{x_3}\ \overline{x_4}$，$\overline{x_2}\ x_3$ でカルノ図上のすべての1が被覆される．したがって，このカルノ図に対する最簡形式 f_1 の導出手続きはこれで終了し，すべての必須項の論理和として次式のように与えられる．

$$f_1 = \overline{x_1}\ \overline{x_3} + \overline{x_3}\ \overline{x_4} + \overline{x_2}\ x_3 \tag{5.18}$$

同様に，同図 (b) の必須項は，実線で囲んだ2つであり，最簡形式 f_2 は

$$f_2 = \overline{a} + \overline{b}c \tag{5.19}$$

(a) f_1 (b) f_2

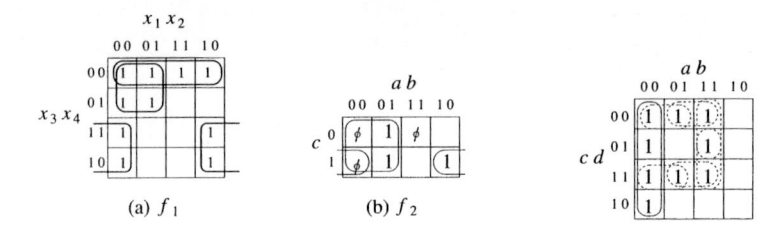

図 5.13　必須項によるカルノ図の被覆

図 5.14　簡単化の例

で与えられる．

これに対して，必須項だけですべての 1 が被覆できない場合，残った 1 を被覆する最小数の主項を求めることが必要となる．例えば，図 5.14 のカルノ図では，4 つの 1 を含む $\bar{a}\,\bar{b}$ のみが必須項で，残りの 5 つの 1 を含む主項は，どのようにとっても必須項ではない．

そこで，これらの 1 を被覆することのできる最小数の主項の集合を求めると，$\{b\,\bar{c}\,\bar{d},\ b\,c\,d,\ a\,b\,\bar{c}\}$, $\{b\,\bar{c}\,\bar{d},\ b\,c\,d,\ a\,b\,d\}$, $\{\bar{a}\,\bar{c}\,\bar{d},\ a\,b\,\bar{c},\ b\,c\,d\}$, $\{b\,\bar{c}\,\bar{d},\ a\,b\,d,\ \bar{a}\,c\,d\}$ の 4 種類存在し，いずれも 5.5.1 で述べた条件 (II) も満たしていることがわかる．したがって，最簡形式 f は，

$$f = \bar{a}\,\bar{b} + \begin{cases} b\,\bar{c}\,\bar{d} + b\,c\,d + a\,b\,\bar{c} \\ b\,\bar{c}\,\bar{d} + b\,c\,d + a\,b\,d \\ \bar{a}\,\bar{c}\,\bar{d} + a\,b\,\bar{c} + b\,c\,d \\ b\,\bar{c}\,\bar{d} + a\,b\,d + \bar{a}\,c\,d \end{cases} \quad (5.20)$$

の 4 種類となる．この例のように，カルノ図が必須項のみで被覆できない場合，複数の最簡形式が存在することが多い．

[問 5-11]　図 5.15 のカルノ図には，必須項をもたない論理関数 f が記入されている．最簡形式を求めよ．

略解：$f = \begin{cases} \overline{x_1}\,\overline{x_2} + x_2\,x_3 + x_1\,\overline{x_3} \\ \overline{x_1}\,x_3 + x_1\,x_2 + \overline{x_2}\,\overline{x_3} \end{cases}$

5.5.3　組合せ論理回路の実現法

5.5.2 で述べた最簡形式から論理回路を構成することを組合せ論理回路を実

5.5 論理関数の簡単化

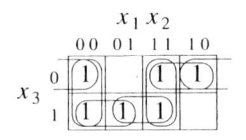

```
        x₁ x₂
     00 01 11 10
   0 │ 1 │  │ 1 │ 1 │
x₃   ├───┼───┼───┼───┤
   1 │ 1 │ 1 │ 1 │   │
```

図 **5.15** 必須項の存在しない例

現するという．最簡形式から論理回路への変換は，**5.4.1** で述べた合成法において，最小項を一般の論理積項とするだけで，容易に実現できる．例えば，次式の最簡形式から，図 5.16 の回路が直ちに得られる．

$$y = x_1 + \overline{x_2}\, x_4 + x_2\, x_3\, \overline{x_4} \tag{5.21}$$

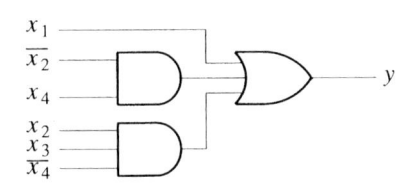

図 **5.16** 組合せ論理回路の実現例

図 5.16 のような組合せ回路は論理積の論理和の形をしているので，**積和形回路** (AND-OR circuit) という．これに対して，任意の論理回路が**和積形回路** (OR-AND circuit) として実現できることも知られている．そこで次に最も簡単な和積形回路の実現法にふれておく．例を式 (5.21) の論理関数にとる．いま，y の否定 $\overline{y}$ をカルノ図に記入すると，図 5.17 のようになり，$\overline{y}$ の最簡形式は，

$$\overline{y} = \overline{x_1}\,\overline{x_2}\,\overline{x_4} + \overline{x_1}\,x_2\,x_4 + \begin{cases} \overline{x_1}\,x_2\,\overline{x_3} \\ \overline{x_1}\,\overline{x_3}\,\overline{x_4} \end{cases} \tag{5.22}$$

で与えられる．この両辺の否定をとると，式 (5.8a)，(5.8b) から，

$$y = \begin{cases} (x_1 + x_2 + x_4)(x_1 + \overline{x_2} + \overline{x_4})(x_1 + \overline{x_2} + x_3) \\ (x_1 + x_2 + x_4)(x_1 + \overline{x_2} + \overline{x_4})(x_1 + x_3 + x_4) \end{cases} \tag{5.23}$$

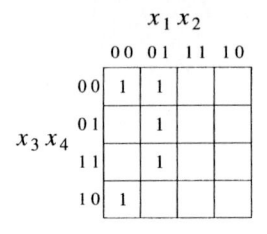

	$x_1 x_2$			
$x_3 x_4$	00	01	11	10
00	1	1		
01		1		
11		1		
10	1			

図 5.17 式 (5.21) の否定 $\bar{y}$ のカルノ図

となり，和積形最簡形式が得られる．

組合せ論理回路の構造は積和形，和積形以外にも種々知られているが，これらの組織的な設計法はまだ確立されていない．

文　献

1) 藤澤俊男，嵩 忠雄：電子通信用数学 II 離散構造論，pp.101-147，コロナ社 (1977)．
2) 笹尾 勤：論理設計−スイッチング回路理論，pp.57-63，近代科学社 (1995)．
3) 高浪五男，有吉 弘，菊野 亨，岡崎卓爾，他：情報システムの基礎 (翁長健治編)，pp.149-163，朝倉書店 (1983)．
4) 当麻喜弘：スイッチング回路理論，pp.1-62，コロナ社 (1985)．
5) 高木直史：論理回路，pp.1-62，昭晃堂 (1997)．

演習問題

[1] ブール代数の公式を利用して次の式を証明せよ．

$$a\bar{b} + bc + \bar{c}\bar{a} = \bar{a}b + \bar{b}\bar{c} + ca$$

[2] 次の 3 変数論理関数 f の積和標準形および和積標準形を求めよ．また，インバータ，AND ゲート，OR ゲートを用いて各標準形からそのまま組合せ論理回路を構成するときの総所要ゲート数を求めよ．

$$f = x\bar{y} + \bar{y}\bar{z}$$

[3] NOT 関数，AND 関数，OR 関数の集合が完全系をなすことを利用して，NOR 関数が完全系をなすことを示せ．

[4] 次の 4 変数論理関数を簡単化せよ．

(a) $f = x_1\,\overline{x_3} + \overline{x_1}\,\overline{x_2}x_3 + \overline{x_1}\,\overline{x_2}\,x_4 + \overline{x_1}\,\overline{x_2}\,\overline{x_3} + x_2x_3x_4 + \overline{x_1}\,x_2\,\overline{x_3}\,\overline{x_4}$

(b) $f = (x_3 + \overline{x_4})(\overline{x_1} + x_2 + \overline{x_3} + x_4)$,
$g = x_1\,\overline{x_2}\,\overline{x_3}\,\overline{x_4} + \overline{x_1}x_3x_4 = 0$

ただし,$g = 0$ は g に含まれる最小項が組合せ禁止であることを示す.

[5] 次の論理関数を簡単化せよ.

(a) 図 5.18 のカルノ図で与えられる関数 f

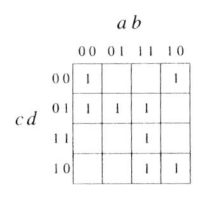

	ab			
cd	00	01	11	10
00	1			1
01	1	1	1	
11				
10			1	1

図 5.18 f のカルノ図

(b) $g = x_1\overline{x_2}\,\overline{x_3} + \overline{x_1}\,\overline{x_2}x_3 + \overline{x_1}x_2\overline{x_3} + x_1x_2x_3$

[6] 次の論理関数のコスト最小の和積表現を求めよ.

(a) $g = \overline{x}y + yz$

(b) $h = \overline{x}z + yz,\ x\overline{y}\,\overline{z} = 0$

6

単純な組合せ論理回路

5.4 では，任意の論理関数が 4.1 で述べた基本論理ゲートを利用して実現できることを示したが，複雑な組合せ論理回路を設計する際には，これらのゲートにより構成した**機能回路** (functional module) をさらに合成して実現されることが多い．本章では，このような機能回路として広く利用されているいくつかの組合せ論理回路について述べる．

6.1　マルチプレクサとデマルチプレクサ

ディジタル回路において，複数の回路の出力信号の中から 1 つを選択・出力する機能や，この逆の 1 つの出力信号を複数の回路の入力に排他的に分配する機能は，重要かつ基本的な機能である．前者の機能をもつ機能回路のことを**マルチプレクサ** (multiplexer) といい，後者の機能をもつ機能回路のことを**デマルチプレクサ** (demultiplexer) という．

6.1.1　マルチプレクサ

n 個の入力から 1 つを選択・出力するマルチプレクサのことを n–1 マルチプレクサといい，n–1MUX の記号で表す．4–1MUX の真理値表および構成例を，それぞれ，図 6.1(a) および (b) に示す．$x_0 \sim x_3, s_0, s_1$ は入力値であり，y は出力値である．同図 (a) からわかるように，$s_1 s_0$ を純 2 進数とみなし，その 10 進数表現を n とすると，$y = x_n$ となる．すなわち，

$$y = \overline{s_1}\,\overline{s_0}\,x_0 + \overline{s_1}\,s_0\,x_1 + s_1\,\overline{s_0}\,x_2 + s_1 s_0\,x_3 \tag{6.1}$$

6.1 マルチプレクサとデマルチプレクサ　　　85

s_1 s_0	y
0　0	x_0
0　1	x_1
1　0	x_2
1　1	x_3

(a) 真理値表　　　　(b) 構成例

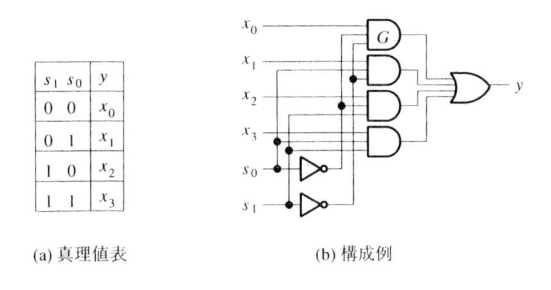

図 **6.1**　4–1MUX

となる．例えば，$s_0 = s_1 = 0$ のとき，G 以外の AND ゲートの出力値は 0 となり，$y = x_0$ となる．

[問 **6-1**]　図 6.1(b) の 4–1MUX の構成を参考にして，8–1MUX を構成せよ．

図 6.1(b) のような構成は，バイポーラトランジスタにより実現される場合によく用いられる．これに対して，MOSFET で実現される場合，図 6.2 のような構成をとることが多い．例えば，$s_0 = s_1 = 0$ のとき，AND ゲートの中で

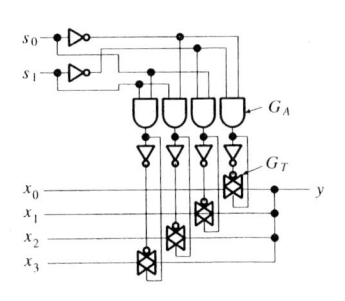

図 **6.2**　CMOS 4–1MUX(その 1) 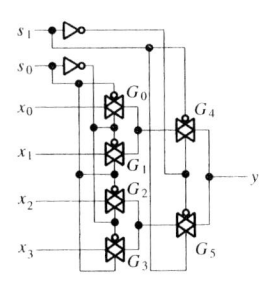　　　図 **6.3**　CMOS 4–1MUX(その 2)

G_A の出力値のみが 1 となるので，伝達ゲート G_T のみが導通状態 (他は遮断状態) となり，$y = x_0$ となる．

　また，図 6.3 のように伝達ゲートとインバータのみを用いて実現されるマルチプレクサも知られている．$s_0 = s_1 = 0$ のとき，$G_0 \sim G_3$ のうち G_0 と G_2

のみが導通状態となり，G_4 および G_5 の入力には，それぞれ，x_0 および x_2 が印加されるが，G_4 および G_5 が，それぞれ，導通状態および遮断状態となるので，結局，$y = x_0$ となる．このように，図6.3では，まず，4つの入力のうちから2つを選択し，次に，それから1つを選択するといった2段階の選択によりマルチプレクサの機能を実現している．このマルチプレクサは，図6.2より少ない MOSFET により実現できるが，入力が出力に伝搬されるまでに2段の伝達ゲートを通過するので，伝搬遅延時間が長くなる．

[問 6-2]　図6.3の4-1MUXを8-1MUXに拡張せよ．
ヒント：8つから4つ，4つから2つ，2つから1つを選択する3段階構成とせよ．

6.1.2　デマルチプレクサ

1つの入力を n 個の出力に分配するデマルチプレクサのことを $1\text{-}n$ デマルチプレクサといい，$1\text{-}n\text{DMX}$ と書く．1-4DMX の真理値表および構成例を，それぞれ，図6.4(a) および (b) に示す．x, s_0, s_1 は入力値であり，$y_0 \sim y_3$ は出

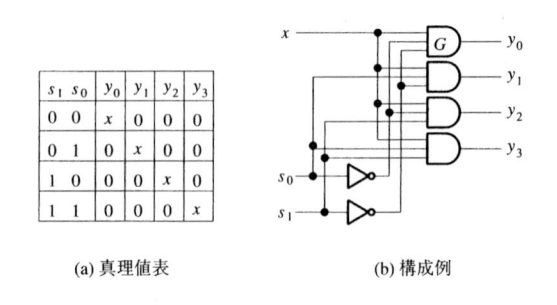

s_1 s_0	y_0	y_1	y_2	y_3
0 0	x	0	0	0
0 1	0	x	0	0
1 0	0	0	x	0
1 1	0	0	0	x

(a) 真理値表　　　　　　(b) 構成例

図 6.4　1-4DMX

力値である．同図 (a) からわかるように，$s_1 s_0$ を純2進数とみなし，その10進数表現を n とすると，$y_n = x$ となる．すなわち，

$$y_0 = \overline{s_1}\ \overline{s_0}\ x \tag{6.2a}$$

$$y_1 = \overline{s_1}\ s_0\ x \tag{6.2b}$$

$$y_2 = s_1 \overline{s_0} x \tag{6.2c}$$

$$y_3 = s_1 s_0 x \tag{6.2d}$$

となる．この種の構成は，バイポーラトランジスタにより実現される場合によく用いられる．これに対して，MOSFET の場合には，図 6.2 または図 6.3 の回路のままで，入力 $x_0 \sim x_3$ をそれぞれ出力 $y_0 \sim y_3$，出力 y を入力 x とすれば 1–4MUX として利用できる．

[問 6-3]　図 6.4 の 1–4DMX を 1–8DMX に拡張せよ．

6.1.3　応 用 例

a. 時分割多重通信

時分割多重通信とは，1 つの通信路を時分割で利用することによって，複数対のユーザ間でのデータ通信を実現するための手段の 1 つである．送信側のユーザ数，受信側のユーザ数がともに 4 のときの時分割多重通信システムを図 6.5 に示す．x_{S0}，x_{S1}，x_{S2} および x_{S3} は，それぞれ，送信側のユーザから 4–1MUX

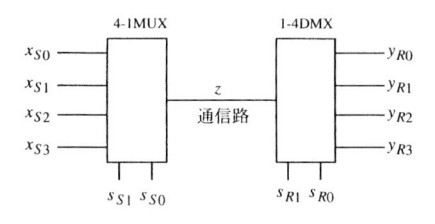

図 6.5　時分割多重通信システム

へ送出される入力信号であり，その出力 z が通信路を介して受信側へ送出される．これを受け取った受信側では，1–4DMX を介して受信側ユーザに受信信号 y_{R0}，y_{R1}，y_{R2} および y_{R3} が届けられる．4–1MUX，1–4DMX の選択信号を適宜選べば，任意のユーザ間でデータ転送が可能である．また，s_{S0}，s_{S1} と s_{R0}，s_{R1} を 2 進順に順次制御すれば，4 対の通信路が定期的に生成されることになる．

b. シフタ

n 桁の 2 進数を表示するための電光表示盤があり，これに $x_{n-1}x_{n-2}\cdots x_1 x_0$ が表示されているものとする．いま，この 2 進数を左および右に 1 ビットだけ移動させるものとすれば，表示盤上の表示はそれぞれ $x_{n-2}x_{n-3}\cdots x_0 *$ および $* x_{n-1}\cdots x_2 x_1$ となる．ただし，$*$ は移動によって値のなくなった桁を表している．このように，もとの 2 進数を紙面上で左および右に移動させる操作のことを，それぞれ，**左シフト** (left shift) および**右シフト** (right shift) といい，両者を総称して単に**シフト** (shift) という．また，このようなシフト操作を行うための回路のことを**シフタ** (shifter) という．

図 6.6(a) の回路は，4 ビットの 2 進数を 0〜3 ビットの範囲で右シフトすることのできるシフタである．$x_3 \sim x_0$ および $y_3 \sim y_0$ は，それぞれ，4 ビットの

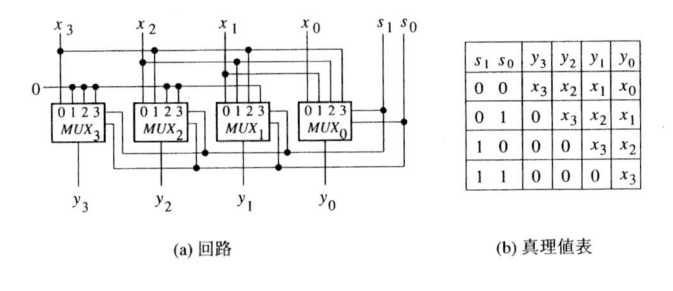

s_1	s_0	y_3	y_2	y_1	y_0
0	0	x_3	x_2	x_1	x_0
0	1	0	x_3	x_2	x_1
1	0	0	0	x_3	x_2
1	1	0	0	0	x_3

(a) 回路   (b) 真理値表

図 **6.6** 4 桁右論理シフタ

入力値および出力値である．s_1，s_0 はシフトするビット数を指定するための入力値である．$MUX_i (i=0 \sim 3)$ は 4–1MUX であり，いずれも，$s_1 s_0$ の 10 進数表現が 0, 1, 2 および 3 のとき，それぞれ，入力端子 0, 1, 2 および 3 に入力される値を出力する．例えば，$s_1=1$，$s_0=0$ とすると，いずれの 4–1MUX も入力端子 2 の値を出力するので，$y_3=y_2=0$，$y_1=x_3$，$y_0=x_2$ となり，2 ビット右シフトとなる．同図 (b) にこの真理値表を示す．とくに，シフトによって生じた $*$ 印の桁にはすべて 0 が入れられる．

[問 6-4] 図 6.6 の構成にならって，4 ビット左シフタを構成せよ．

6.2 2進エンコーダと2進デコーダ

複数の信号源からの信号を符号化した信号に変換することを単に**符号化** (encoding) といい，符号化する回路のことを**エンコーダ** (encoder) という．また，この逆に符号化された信号をもとの信号に復元することを**復号** (decoding) といい，復号する回路のことを**デコーダ** (decoder) という[1]．

6.2.1 2進エンコーダ

排他的に生起する複数の信号を純2進信号に変換することのできるエンコーダのことを**2進エンコーダ** (binary encoder) といい，これにより変換された符号のことを**純2進符号** (binary code) という．図6.7(a) は4つの入力をもつ2進エンコーダの真理値表である．$x_i (0 \leq i \leq 3)$ は入力値であり，そのうち同時

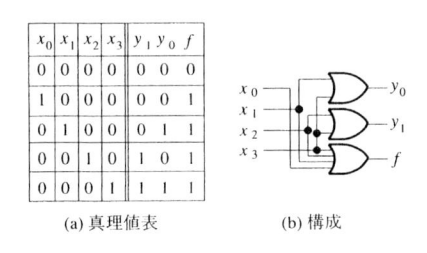

x_0	x_1	x_2	x_3	y_1	y_0	f
0	0	0	0	0	0	0
1	0	0	0	0	0	1
0	1	0	0	0	1	1
0	0	1	0	1	0	1
0	0	0	1	1	1	1

(a) 真理値表　　(b) 構成

図 6.7　2進エンコーダ

に1になるのは高々1つである．すなわち，同図 (a) に記載されている入力値の組合せのみが生起し，それ以外は決して生起しない（組合せ禁止 (**5.4.2** 参照))．$y_j (0 \leq j \leq 1)$ は出力値である．f はすべての入力値が0の場合と $x_0 = 1$ の場合とを区別するための出力値である．このエンコーダの出力関数は，組合せ禁止を考慮すると，以下のようになる．

$$y_0 = x_1 + x_3 \tag{6.3a}$$

$$y_1 = x_2 + x_3 \tag{6.3b}$$

$$f = x_0 + x_1 + x_2 + x_3 \tag{6.3c}$$

この結果からこの2進エンコーダは同図(b)のように構成される．

[問 6-5]　カルノ図を利用して式(6.3a), (6.3b)を求めよ．

[問 6-6]　図6.7にならって，入力数8の2進エンコーダを構成せよ．

　上述したエンコーダは2つ以上の入力値が同時に1にならないことを前提に作られたものであるが，2つ以上の入力値が同時に1となることを積極的に利用したエンコーダも知られている．後者の例として，各入力信号に対してあらかじめ優先順位を割当てておき，同時に1になった入力信号の中で最も優先順位の高いものを選択し，その優先順位を純2進数として出力するようなエンコーダがある．このエンコーダは**プライオリティエンコーダ** (priority encoder) と呼ばれる．

　例として，4つの入力値 $x_i(0 \leq 3)$ のうち i の大きいほど高い優先順位をもつようなプライオリティエンコーダを考えてみよう．出力を y_1, y_0, f としたとき，このエンコーダの真理値表は，図6.8(a)(-は0, 1いずれでもよい) のように与えられる．$y_1 y_0$ は1となっている入力の中で最も高い優先順位を示す

(a) 真理値表　　(b) y_0 に関するカルノ図　　(c) 回路

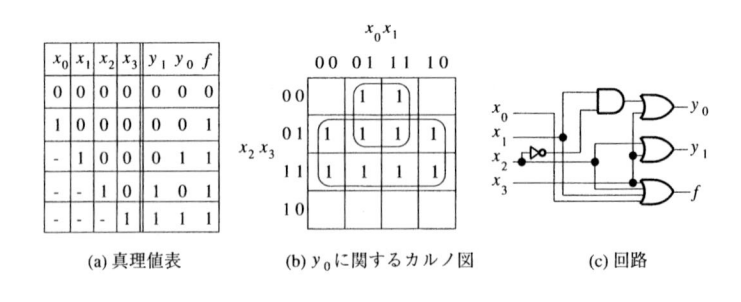

図 6.8　プライオリティエンコーダ

2進数であり，f は1つ以上の x_i が1のときのみ1となる．この真理値表から，y_0 に関するカルノ図は同図(b)のようになり，式(6.4a)の最簡形式が得られる．同様にして y_1 および f は，それぞれ，式(6.4b) および (6.4c) のように与えられる．

$$y_0 = x_1 \overline{x_2} + x_3 \tag{6.4a}$$

$$y_1 = x_2 + x_3 \tag{6.4b}$$

$$f = x_0 + x_1 + x_2 + x_3 \tag{6.4c}$$

上式から同図 (c) の回路が得られる．

6.2.2 2進デコーダ

純2進信号をもとの信号に復元するためのデコーダを **2進デコーダ** (binary decoder) という．図 6.9(a) は 2 ビットの純 2 進信号を復号するための 2 進デコーダの真理値表である．$x_i (0 \leq i \leq 1)$ は入力値であり，$y_j (0 \leq j \leq 3)$ は出

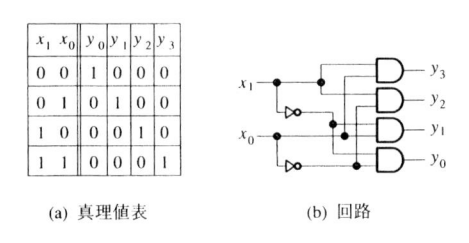

x_1	x_0	y_0	y_1	y_2	y_3
0	0	1	0	0	0
0	1	0	1	0	0
1	0	0	0	1	0
1	1	0	0	0	1

(a) 真理値表　　　　(b) 回路

図 6.9　2進デコーダ

力値である．回路構成はこの真理値表から容易に得られる (同図 (b) 参照)．

[問 6-7]　図 6.9 にならって，入力数 3 の 2 進デコーダを構成せよ．

この種の 2 進デコーダは，**11 章**で述べるメモリのアドレスデコーダとしても利用されている．

6.3　コードコンバータ

符号化された信号を符号化された別の信号に変換する回路のことを**コードコンバータ** (code converter) という．符号は多数あるので，コードコンバータの機能も多種多様である．本書では代表的な例として，純 2 進信号を **Gray 符号**

(Gray code) と呼ばれる符号の信号に変換する **Gray コードコンバータ** (Gray code converter), 純2進信号を **BCD 符号** (binary coded decimal code) の信号に変換する **BCD コードコンバータ** (BCD code converter), 純2進信号を **7 セグメント符号** (7 セグメント発光ダイオード (LED:light emitting diode) のコード) の信号に変換する **7 セグメントデコーダ** (7 segments decoder) について述べる.

6.3.1 Gray コードコンバータ

10 進数の 1 と 2 は隣接した数値であるが, 純 2 進信号では 0001 と 0010 となり, 2 ビットの数値が互いに逆転する. これに対して, Gray 符号では, 0001 と 0011 のように 1 ビットだけが反転している. この例からも予測されるように, Gray 符号は, 隣接した 10 進数を表現したとき, 丁度 1 ビットだけ異なるように作られた符号である. この符号では 1 ビットの誤りが生じたとしても, 最小単位の誤差ですむ.

図 6.10(a) に, 3 ビットの純 2 進符号 $x_2 x_1 x_0$ と 3 ビットの Gray 符号 $y_2 y_1 y_0$ との対応関係, すなわち, 3 ビットの Gray コードコンバータの真理値表を示す. y_2, y_1, y_0 を生成するためのカルノ図は同図 (b) のようになり, 同図 (c) の回路が得られる.

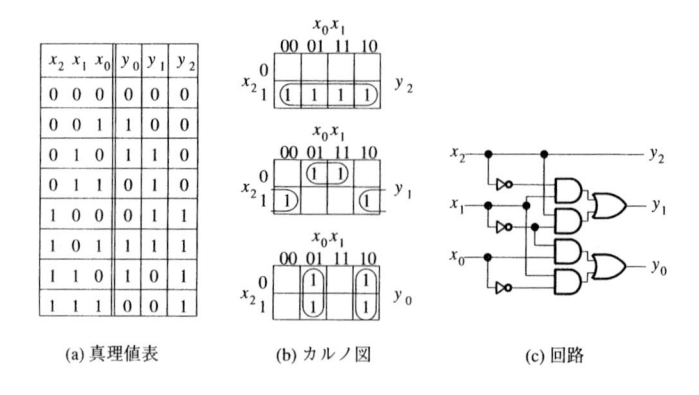

x_2	x_1	x_0	y_0	y_1	y_2
0	0	0	0	0	0
0	0	1	1	0	0
0	1	0	1	1	0
0	1	1	0	1	0
1	0	0	0	1	1
1	0	1	1	1	1
1	1	0	1	0	1
1	1	1	0	0	1

(a) 真理値表　　(b) カルノ図　　(c) 回路

図 6.10 Gray コードコンバータ

6.3.2 BCD コードコンバータ

BCD 符号は，10 進数表現の各桁を 4 ビットの 2 進化 10 進数で表現した符号である．例えば，10 進数表現の 128 を BCD 符号で表すと，

$$\underbrace{0001}_{1}\underbrace{0010}_{2}\underbrace{1000}_{8}$$

となる．

4 ビットの純 2 進符号 $x_3x_2x_1x_0$ と BCD 符号 $y_4y_3y_2y_1y_0$ との対応表を図 6.11(a) に示す．y_4 のカルノ図を同図 (b) に示す．これから y_4 は式 (6.5a) の

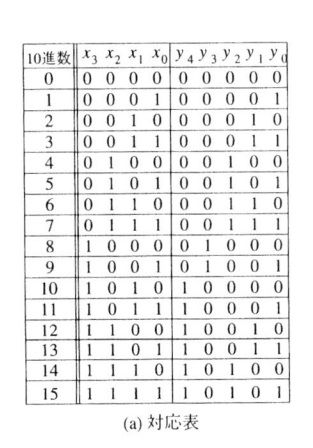

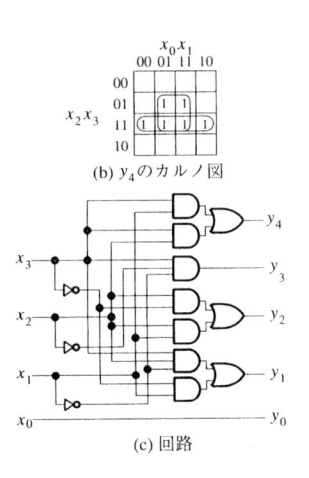

図 6.11 BCD コードコンバータ

ように求められる．同様にして，式 (6.5b)〜(6.5e) も得られる．

$$y_4 = x_1\,x_3 + x_2\,x_3 \tag{6.5a}$$

$$y_3 = \overline{x_1}\,\overline{x_2}\,x_3 \tag{6.5b}$$

$$y_2 = x_1\,x_2 + x_2\,\overline{x_3} \tag{6.5c}$$

$$y_1 = x_1\,\overline{x_3} + \overline{x_1}\,x_2\,x_3 \tag{6.5d}$$

$$y_0 = x_0 \tag{6.5e}$$

	$x_0\,x_1$			
$x_2\,x_3$	00	01	11	10
00	1	1	1	1
01	1			1
11				
10	1	1	1	1

(a) $\overline{y_4}$ のカルノ図　　　(b) 構成例

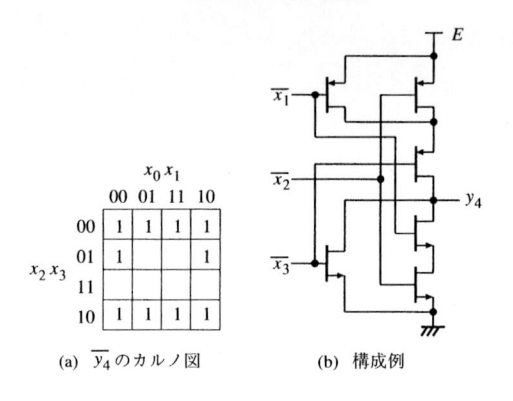

図 6.12　CMOS による BCD コードコンバータ (y_4)

[問 6-8]　カルノ図を用いて式 (6.5b)〜(6.5d) を求めよ．

　この結果からこの BCD コードコンバータは同図 (c) のように構成される．この形式の回路はバイポーラトランジスタで実現する場合に広く利用されている．
　次に，BCD コードコンバータを CMOS 回路により構成してみる．図 4.9 の回路からも予想されるように，CMOS 回路では，nMOS はすべて出力端子–接地端子間に，pMOS はすべて電源端子–出力端子間に配置されている．しかも，nMOS と pMOS が同数である．これを一般化すると，出力が 0 となるべきときのみ，出力端子–接地端子間を導通状態とするような nMOS 回路と電源端子–出力端子間を遮断状態とするような pMOS 回路とを同数の MOSFET で実現すればよいことになる[2]．
　図 6.11 のコードコンバータで y_4 の場合，出力端子–接地端子間を導通とすべき条件は，$\overline{y_4} = 1$ である．$\overline{y_4}$ のカルノ図は同図 (b) から図 6.12(a) のようになり，その最簡形式は次式で与えられる．

$$\overline{y_4} = \overline{x_3} + \overline{x_1}\,\overline{x_2} \tag{6.6}$$

上式から，出力端子–接地端子間の回路は $\overline{x_3}$ を入力とする nMOS と，$\overline{x_1}$ と $\overline{x_2}$ を入力とする 2 つの nMOS の直列回路との並列接続により実現できる．pMOS 回路への入力論理は nMOS 回路と逆（負値論理）になるから，y_4 を実現する回路は結局図 6.12(b) のように構成される．この方法により構成すれば，図 6.11(c)

6.3 コードコンバータ

の回路に比して，所要 MOSFET 数が大幅に低減される．

[問 6-9]　図 6.11 のコードコンバータの y_1, y_3 を図 6.12 と同様の回路により構成せよ．

6.3.3　7 セグメントデコーダ

7 セグメント LED は 10 進数を表示する際に広く利用されており，図 6.13(a) のように，$a \sim g$ の 7 つの独立した LED により構成される．各 10 進数はこれを利用して同図 (b) のように表示される．

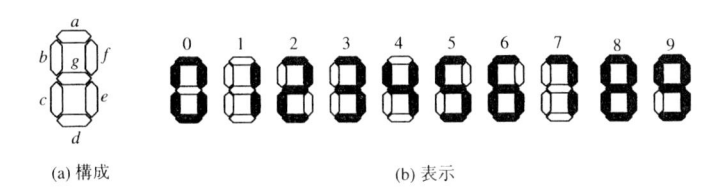

(a) 構成　　(b) 表示

図 6.13　7 セグメント LED の表示

$a \sim g$ の LED を点灯するための出力値をそれぞれ $a \sim g$ とし，いずれも，論理値が 1 のとき点灯するものとする．このときの 7 セグメントデコーダの真理値表は図 6.14 のようになる．x_3, x_2, x_1, x_0 は入力値である．例えば，出力

x_3	x_2	x_1	x_0	a	b	c	d	e	f	g
0	0	0	0	1	1	1	1	1	1	0
0	0	0	1	0	0	0	0	0	1	1
0	0	1	0	1	0	1	1	1	0	1
0	0	1	1	1	0	0	1	1	1	1
0	1	0	0	0	1	0	0	1	1	1
0	1	0	1	1	1	0	1	1	1	1
0	1	1	0	1	1	1	1	1	0	1
0	1	1	1	1	0	0	0	1	1	0
1	0	0	0	1	1	1	1	1	1	1
1	0	0	1	1	1	0	1	1	1	1

図 6.14　7 セグメントデコーダの真理値表　　図 6.15　出力値 a に対するカルノ図

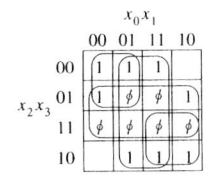

値 a のカルノ図は図 6.15 となり，式 (6.7a) の最簡形式が得られる．他の出力

の最簡形式も同様にして式 (6.7b)〜(6.7g) のように求められる．

$$a = x_1 + x_3 + x_0\, x_2 + \overline{x_0}\,\overline{x_2} \tag{6.7a}$$

$$b = x_3 + \overline{x_0}\,\overline{x_1} + \overline{x_0}\, x_2 + \overline{x_1}\, x_2 \tag{6.7b}$$

$$c = \overline{x_0}\, x_1 + \overline{x_0}\,\overline{x_2} \tag{6.7c}$$

$$d = x_3 + \overline{x_0}\, x_1 + \overline{x_0}\,\overline{x_2} + x_1\,\overline{x_2} + x_0\,\overline{x_1}\, x_2 \tag{6.7d}$$

$$e = x_0 + x_2 + \overline{x_1} \tag{6.7e}$$

$$f = \overline{x_2} + x_0\, x_1 + \overline{x_0}\,\overline{x_1} \tag{6.7f}$$

$$g = x_3 + \overline{x_0}\, x_1 + \overline{x_1}\, x_2 + x_1\,\overline{x_2} \tag{6.7g}$$

7セグメントデコーダは上の出力関数から図 6.16 のように与えられる．ただし，上式右辺に同じ積項のある場合には，共通にゲートが利用されている．

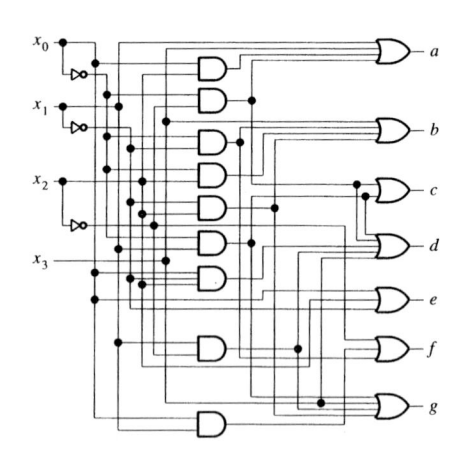

図 **6.16** 7 セグメントデコーダ

[問 6-10] 式 (6.7b)〜(6.7g) を確かめよ．

6.4 コンパレータ

2つの純2進数の大小関係を比較することのできる回路のことを**コンパレータ** (comparator) という．2つの1ビットの純2進数を x, y とすると，それらの大小関係は図 6.17(a) のように示される．この関係から，1ビットのコンパ

x	y	比較結果
0	0	$x=y$
0	1	$x<y$
1	0	$x>y$
1	1	$x=y$

x	y	$f_{x=y}$	$f_{x<y}$	$f_{x>y}$
0	0	1	0	0
0	1	0	1	0
1	0	0	0	1
1	1	1	0	0

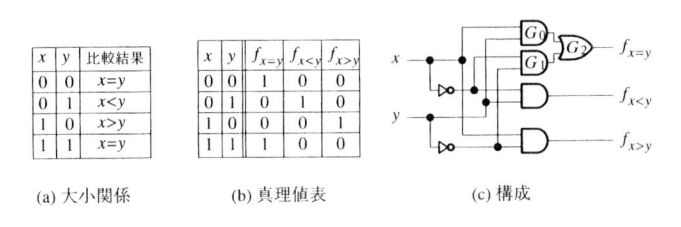

(a) 大小関係　　(b) 真理値表　　(c) 構成

図 6.17　1ビットコンパレータ

レータの真理値表は同図 (b) のようになる．$f_{x>y}$, $f_{x=y}$ および $f_{x<y}$ は出力値であり，それぞれ，$x>y$, $x=y$ および $x<y$ のときのみ1となる．この真理値表から1ビットのコンパレータは同図 (c) のように構成される．この構成において $G_0 \sim G_2$ は x と y を入力とする XNOR ゲートに置き換えることもできる．

次に，2ビットの2進数 $x_1x_0(=\boldsymbol{x})$ と $y_1y_0(=\boldsymbol{y})$ との大小比較について考える．同位の桁の比較には図 6.17(c) の回路を用いるものとする．真理値表を図 6.18(a) に示す．出力値 $h_{\boldsymbol{x}=\boldsymbol{y}}$, $h_{\boldsymbol{x}<\boldsymbol{y}}$ および $h_{\boldsymbol{x}>\boldsymbol{y}}$ は，それぞれ，$\boldsymbol{x}$ と $\boldsymbol{y}$ が等しいとき，$\boldsymbol{x}$ より $\boldsymbol{y}$ が大きいときおよび $\boldsymbol{x}$ より $\boldsymbol{y}$ が小さいとき1となる．また，接続入力値 $s_{\boldsymbol{x}=\boldsymbol{y}}$, $s_{\boldsymbol{x}<\boldsymbol{y}}$, $s_{\boldsymbol{x}>\boldsymbol{y}}$ は，2ビットコンパレータを用いて3ビット以上のコンパレータをつくるときの拡張用入力値であり，上位から3ビット目以下の比較結果である．上図において，-で示した場所の比較入力および接続入力については，それぞれ，比較結果および論理値が何でもよいことを示している．この真理値表から，上位のビットが等しくないときその大小関係により出力値が決まり，上位ビットが等しいときより下位ビットの大小関係により出力値が決まることがわかる．また，接続入力は，上位2ビットがともに等しい

比較入力		接続入力			出力		
$x_1\,y_1$	$x_0\,y_0$	$s_{x>y}$	$s_{x<y}$	$s_{x=y}$	$h_{x>y}$	$h_{x<y}$	$h_{x=y}$
$x_1>y_1$	—	—	—	—	1	0	0
$x_1<y_1$	—	—	—	—	0	1	0
$x_1=y_1$	$x_0>y_0$	—	—	—	1	0	0
$x_1=y_1$	$x_0<y_0$	—	—	—	0	1	0
$x_1=y_1$	$x_0=y_0$	1	0	0	1	0	0
$x_1=y_1$	$x_0=y_0$	0	1	0	0	1	0
$x_1=y_1$	$x_0=y_0$	0	0	1	0	0	1

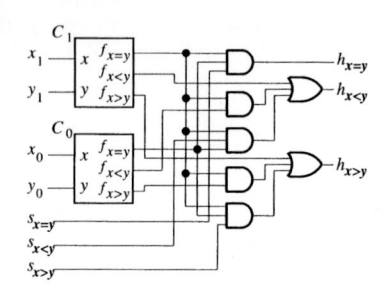

(a) 真理値表   (b) 構成

図 6.18　2 ビットのコンパレータ

ときにのみ，出力値を支配することも容易に理解できる．このような比較原理に基づいた 2 ビットのコンパレータの構成を図 6.18(b) に示す．C_1，C_0 はいずれも図 6.17(c) の 1 ビットコンパレータである．

[問 6-11]　図 6.18 のコンパレータを 2 ビットの比較専用に用いるとき，接続入力値 $s_{x=y}$, $s_{x<y}$, $s_{x>y}$ の値をどのようにすればよいか．
略解：$s_{x=y}$, $s_{x<y}$ および $s_{x>y}$ に，それぞれ，1, 0 および 0 を印加する．

6.5　PLA

PLA(programmable logic array) は，ある入力数の範囲で任意の組合せ論理回路を実現することのできる LSI であり，大規模な組合せ論理回路を実現する際にしばしば利用されている．5.5.1 で述べたように，任意の組合せ論理回路の出力関数は積和形または和積形で表現できる．PLA は，このような表現形式から直接組合せ論理回路を実現することができる．

図 6.19 は，積和形を対象にした入力数 3, 積項数 4, 出力数 2 の PLA の概念的な構造を示す．$x_0 \sim x_2$ は入力信号，$y_0 \sim y_1$ は出力信号である．AND 平面は積項を実現するための回路であり，OR 平面は積項の論理和を実現するための回路である．AND 平面および OR 平面の縦方向の配線は，それぞれ，入

6.5 PLA

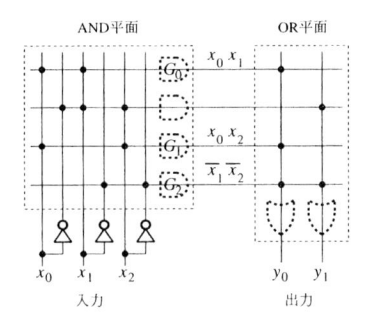

図 6.19 PLA の概念的な構造

力線および出力線と呼ばれ，両平面にわたる横方向の配線は積項線と呼ばれる．破線の AND ゲート記号は，その記号の付された積項線上の信号が，その積項線との交点に黒丸が付された入力信号の値の論理積になることを表している．例えば，積項線 G_0 には $x_0 x_1$ の値が現れる．また，破線の OR ゲート記号も，論理積が論理和に変わること以外，AND ゲート記号と同じである．以上から，例えば，y_0, y_1 が次式の関数を実現していることがわかる．

$$y_0 = x_0\ x_1 + x_0\ x_2 + \overline{x_1}\ \overline{x_2} \tag{6.8a}$$

$$y_1 = \overline{x_1}\ \overline{x_2} + \overline{x_0}\ x_1\ x_2 \tag{6.8b}$$

PLA を実現する回路には，NAND 回路を基本とする NAND 形と NOR 回路を基本とする NOR 形とがあるが，NOR 形の方が広く利用されている[3]．NOR 形で構成した PLA の例を図 6.20 に示す．この PLA では，図 6.19 の黒丸に対応して，nMOS が配置されている．これによれば，AND 平面上の積項線，例えば紙面上最上部の積項線は図 6.21 のような構造となっている．電源 E に接続されている nMOS は **1.3** で述べた MOS 負荷である．積項線上の論理値 z は，次式で与えられる．

$$z = \overline{x_0 + x_1} = \overline{x_0}\ \overline{x_1} \tag{6.9}$$

z の値は入力値の論理和の否定 (NOR 演算) となるが，ド・モルガンの定理によって入力値の否定の論理積にも等しい．このことから，所望の入力値の否定を入力すれば，図 6.19 の AND 平面と同じ機能を果たすことがわかる．また，

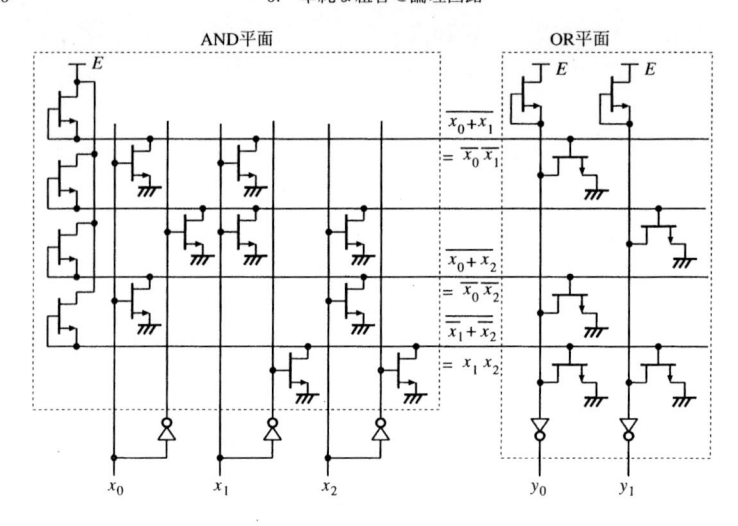

図 6.20 NOR 形 PLA の実現例

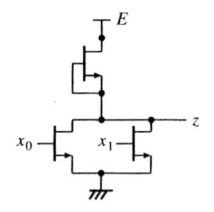

図 6.21 NOR 形 PLA における積項線の構造

OR 平面上の出力信号 y_0 は，同様にして

$$y_0 = \overline{\overline{\overline{x_0}\,\overline{x_1}} + \overline{\overline{x_0}\,\overline{x_2}} + \overline{x_1\,x_2}}$$
$$= \overline{x_0}\,\overline{x_1} + \overline{x_0}\,\overline{x_2} + x_1\,x_2 \qquad (6.10)$$

となり，図 6.19 の OR 平面と同じ論理機能である．

以上から，NOR 形 PLA は，AND 平面に nMOS を配置するとき，入力値の否定の入力線と積項線との交点に nMOS を設けるだけで，図 6.19 と同じ論理機能を果たす．

[問 6-12] 図 6.20 の y_1 の出力関数を求めよ．

略解：$y_1 = x_1\ x_2 + x_0\ \overline{x_1}\ \overline{x_2}$.

文　献

1) 嵩 忠雄：情報と符号の理論入門, pp.1-13, 昭晃堂 (1996).
2) 菅野卓雄 (監), 飯塚哲哉 (編)：MOS 超 LSI の設計, pp.13-23, 培風館 (1994).
3) 笹尾 勤：論理設計-スイッチング回路理論, pp.26-59, 近代科学社 (1995).
4) M.D. Ercegovac, T.Lang and J.H. Moreno："Introduction to Digital Systems", pp.241-276, John Wiley & Sons(1999).
5) 田村進一：ディジタル回路, pp.75-86, 昭晃堂 (1987).

演習問題

[1] 8–1MUX を用いて次の 3 変数関数 f を実現せよ．

$$f = \overline{x_0}x_2 + x_1\overline{x_2}$$

[2] 4 ビット Gray コードコンバータを設計せよ．

[3] 図 6.18 の 2 ビットのコンパレータ 3 個を用いて，6 ビットのコンパレータを構成せよ．

[4] NOR 形 PLA により次の 2 つの関数を実現せよ．

$$y_0 = x_0 \oplus x_1 \oplus x_2$$
$$y_1 = x_0 x_1 + x_1 x_2 + x_2 x_0$$

$x_0 \sim x_2$ は入力信号，y_0, y_1 は出力信号である．ただし，PLA の入力数，積項数および出力数は，それぞれ，3, 7 および 2 とする．

7

演 算 回 路

演算回路は,通常,加算,減算,乗算,除算などを行う**算術演算回路** (arithmetic operation circuit) と,AND 演算,OR 演算などを行う**論理演算回路** (logic operation circuit) に大別される.このうちの基本的な論理演算回路については **4.1** で既に述べたので,本章では,まず,算術演算回路を中心に基本的な構成法を述べ,その後で種々の算術演算と論理演算を行うことのできる**算術論理演算装置** (ALU:arithmetic logic unit) について述べる.

7.1 算術演算の原理

7.1.1 数値の表現

自然数 N は 2 進法により式 (7.1) のように表現できるが,通常この係数を並べて $a_{n-1}a_{n-2}\cdots a_0$ と記述される.

$$N = a_{n-1}2^{n-1} + a_{n-2}2^{n-2} + \cdots + a_1 2 + a_0 \qquad (7.1)$$

また,正負の符号をもつ整数は,2 進法により**符号付絶対値表現** (signed magnitude representation),**1 の補数表現** (1'complement representation),**2 の補数表現** (2'complement representation) などにより表現される[2].いま,これらの表現に n ビットが利用できるものとする.いずれの場合にも,最上位ビットは符号 (正なら 0,負なら 1) を表し,残りの $n-1$ ビットが数値を表す.符号付絶対値表現では,最上位を除く $n-1$ ビットにより整数の絶対値が 2 進表現される.1 の補数表現と 2 の補数表現においても,正整数の数値表現は符号付絶対値表現と全く同じである.しかし,負整数の数値表現は,1 の補数表現

の場合符号付絶対値表現における各ビットを反転した値，2の補数表現の場合1の補数表現の最下位ビットに1を加えた値となる．例えば，10進数の11を5ビットの2進数で表現すれば，上述した3種の表現はすべて等しく01011となるが，10進数の−11の場合，符号付絶対値表現，1の補数表現および2の補数表現は，それぞれ，11011，10100および10101となる．

[問 7-1] 10進数の−9を5ビットの符号付絶対値表現，1の補数表現，2の補数表現により示せ．
略解：11001(符号付絶対値表現)，10110(1の補数表現)，10111(2の補数表現)．

7.1.2 算術演算の原理

2進数の基本的な加算は，10進数の加算と同様に，最下位ビットから最上位ビットまで，順次各ビット毎に加算を行うという原理に基づいている．正の整数71と51を加算するときの一例を図7.1(a)に示す．また，減算についても同

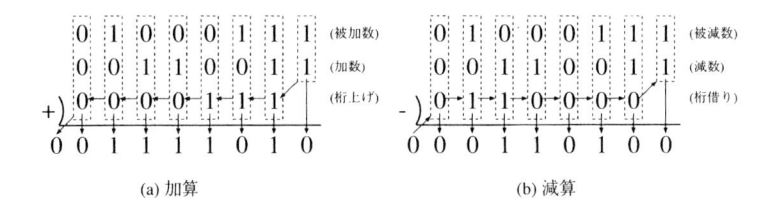

図 7.1 基本的な加減算の原理

図(b)のように計算される．しかし，2の補数表現を利用した場合，減算は次に述べるように単純な加算として実行することができる．

被減数および減数をいずれも正の整数とし，それぞれ，yおよびxとする．負の整数$-x$のnビットの2の補数表現は$2^n - x$であるから，$y - x$を$y + (-x)$という加算の形で実行するものとすれば，$y + (2^n - x) = 2^n - (x - y)$となる．もし，$y \geq x$なら，$2^n - (x - y) \geq 2^n$となるので，2進表現した加算結果の最上位ビット$2^n$は$n+1$桁目への桁上げとなって，その結果は正しい．また，$y < x$なら，$2^n > 2^n - (x - y)$となるので，演算結果は$-(x - y)(< 0)$の2

の補数表現に一致し正しい．以上は x, y ともに正の場合であるが，この正当性は x, y の正負に関係なく示すことができる．減算を加算に変換する例を図 7.2 に示す．

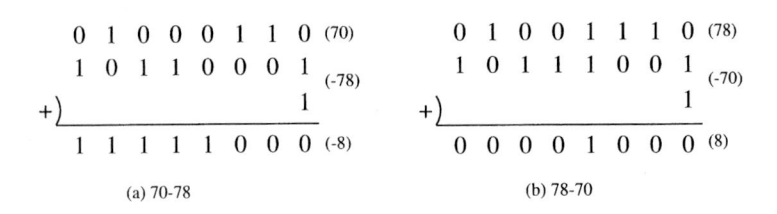

```
    0 1 0 0 0 1 1 0  (70)         0 1 0 0 1 1 1 0  (78)
    1 0 1 1 0 0 0 1                1 0 1 1 1 0 0 1
                   1  (-78)                      1  (-70)
+) ─────────────────            +) ─────────────────
    1 1 1 1 1 0 0 0  (-8)         0 0 0 0 1 0 0 0  (8)
         (a) 70-78                        (b) 78-70
```

図 7.2 2 の補数表現を用いた減算

算術演算回路では，加算と減算を統一的に加算として取り扱うために，2 の補数表現が広く用いられている．そこで，以下本章ではとくに断らない限り，数値は 2 の補数表現されているものとする．

[問 7-2] 5 ビットの 2 の補数表現を用いて 10 進数の -7 から 5 を減算するとき，加算結果と各桁の桁上げを求めよ．
略解：加算結果＝10100，各桁の桁上げ＝11011．

7.2 半加算器と全加算器

1 ビットの 2 つの数を加算することのできる回路のことを**半加算器** (half adder) といい，HA で表す．HA の真理値表を図 7.3(a) に，その回路構成を同図 (b)，(c) に示す．a および b は，それぞれ，被加数および加数を表す入力値であり，s および c は，それぞれ，和および桁上げを表す出力値である．同図 (b) は出力関数の積和標準形に基づいた回路であり，(c) は排他的論理和表現に基づいた回路である．以後 HA を同図 (d) のような記号で表すことにする．

半加算器 HA に対して，下位からの桁上げを考慮した 2 進 1 桁の加算を行うことのできる回路のことを**全加算器** (full adder) といい，FA で表す．FA の真

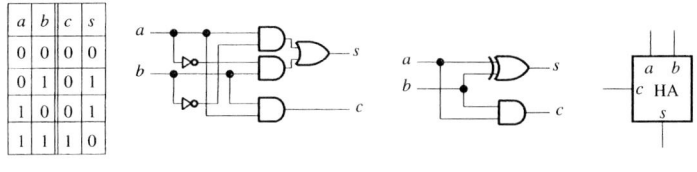

7.3 多ビット加減算器

a	b	c	s
0	0	0	0
0	1	0	1
1	0	0	1
1	1	1	0

(a) 真理値表　(b) インバータ，ANDゲート，ORゲートによる構成　(c) XORゲートとANDゲートによる構成　(d) 記号

図 **7.3** 半加算器

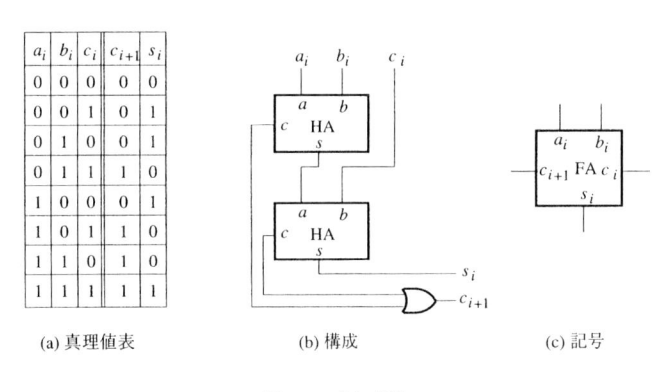

a_i	b_i	c_i	c_{i+1}	s_i
0	0	0	0	0
0	0	1	0	1
0	1	0	0	1
0	1	1	1	0
1	0	0	0	1
1	0	1	1	0
1	1	0	1	0
1	1	1	1	1

(a) 真理値表　(b) 構成　(c) 記号

図 **7.4** 全加算器

理値表および回路構成を，それぞれ，図 7.4(a) および (b) に示す．a_i, b_i および c_i は，それぞれ，被加数，加数および桁上げ入力の値であり，s_i および c_{i+1} は，それぞれ，和および桁上げ出力の値である．図から明らかなように，FA は 2 つの HA を利用して構成できる．以後 FA を同図 (c) のような記号で表すことにする．

7.3　多ビット加減算器

基本的な $n(>1)$ ビットの加算器には，**順次桁上げ加算器** (ripple carry adder) と**桁上げ先見加算器** (carry look-ahead adder) がある[2]．

7.3.1 順次桁上げ加算器

図 7.1(a) の手続きに従って構成された加算器を順次桁上げ加算器またはリップルキャリーアダーという．この構成を図 7.5 に示す．$a_{n-1}\cdots a_1 a_0 = \boldsymbol{a}$,

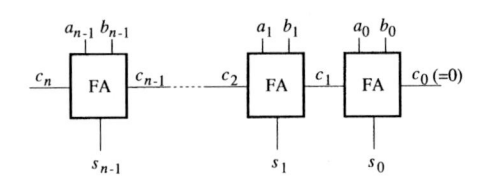

図 7.5 順次桁上げ加算器

$b_{n-1}\cdots b_1 b_0 = \boldsymbol{b}$, $s_{n-1}\cdots s_1 s_0 = \boldsymbol{s}$, $c_n\cdots c_1 c_0 = \boldsymbol{c}$ とする．$\boldsymbol{a}$, $\boldsymbol{b}$, $\boldsymbol{s}$ および $\boldsymbol{c}$ は，それぞれ，被加数，加数，和および各桁への桁上げの配列である．$\boldsymbol{a}$ と $\boldsymbol{b}$ の加算は，最下位の桁から順次行い，桁上げがあれば次の桁へ渡すという操作で実行される．加算可能な範囲は，s の値が $-2^{n-1} \sim 2^{n-1}-1$ となる範囲であり，これを越えると誤りが発生する．

順次桁上げ加算器の欠点は，最悪の場合，下位ビットからの桁上げが最上位まで伝搬し ($\boldsymbol{c}=1\cdots 11$)，$\boldsymbol{a}$, $\boldsymbol{b}$ の桁数の増加とともに演算に要する時間が長くなることである．

図 7.6 に加減算器を示す．これは，図 7.5 の順次桁上げ加算器を拡充して得

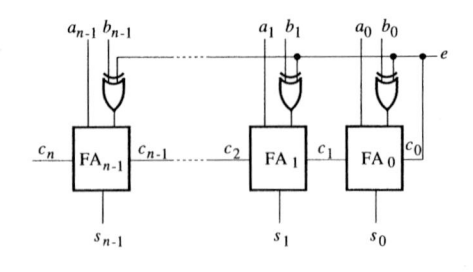

図 7.6 加減算器

られた回路である．e は加算 ($e=0$) か，減算 ($e=1$) かを指定するための制御信号である．FA_i の入力側に設けられた XOR ゲートは，$e=0$ および $e=1$

のとき，それぞれ，b_i および $\overline{b_i}$ を出力する．また，FA_0 への桁上げ入力 c_0 は減算のときに限り 1 となる．したがって，この加減算器は $e = 0$ のとき $a+b$，$e = 1$ のとき $a-b=a+\overline{b}+1$ である．ただし，$\overline{b} = \overline{b_{n-1}} \cdots \overline{b_1}\,\overline{b_0}$ とする．

[問 7-3] 図 7.6 の加減算器において $n = 4$ としたとき，10 進数の 7 と -5 を加算した結果と 10 進数の 7 から 5 を減算した結果とが等しくなることを確かめよ．

7.3.2 桁上げ先見加算器

i 桁目からの桁上げ c_{i+1} は，図 7.4 から，式 (7.2) のように記述することができる．

$$c_{i+1} = g_i + p_i c_i \tag{7.2}$$

$$g_i = a_i b_i \tag{7.3}$$

$$p_i = a_i \oplus b_i \tag{7.4}$$

式 (7.3) の g_i は i 桁目の被加数と加数との加算のみで桁上げが発生するときのみ 1 となる関数であり，**桁上げ生成関数** (carry generating function) という．また，p_i は $i-1$ 桁からの桁上げが $i+1$ 桁へ伝搬するための条件を表す関数であり，**桁上げ伝搬関数** (carry propagating function) という．c_i も同様に記述することができるから，これを式 (7.2) の c_i に代入すると，式 (7.5) のようになる．

$$c_{i+1} = g_i + p_i g_{i-1} + p_i p_{i-1} c_{i-1} \tag{7.5}$$

同様にしてくり返すと，c_{i+1} は，結局，式 (7.6) のように表現できる．

$$c_{i+1} = g_i + p_i g_{i-1} + p_i p_{i-1} g_{i-2} + \cdots + p_i p_{i-1} \cdots p_1 p_0 c_0 \tag{7.6}$$

上式によれば，$g_0 \sim g_i$，$p_0 \sim p_i$ が，i 桁目の以下の被加数のビット $a_i, \cdots, a_1, a_0$ と加数のビット $b_i, \cdots, b_1, b_0$ で表現されているので，$i+1$ 桁目への桁上げ c_{i+1} が加数と被加数が与えられた時点で決まることになる．すなわち，

c_{i+1} の値は，式 (7.3)，(7.4)，(7.6) から，i の値に関係なく，排他的論理和の論理積の論理和という演算で高速に算出することができる．桁上げ先見加算器は，このような原理に基づいて構成される加算器である．

図 7.7 に桁上げ先見加算器の構成を示す．FA* は図 7.4(c) の FA の c_{i+1} の

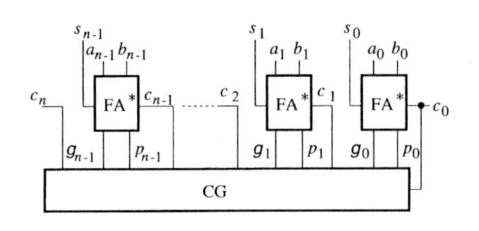

図 7.7 桁上げ先見加算器

代りに g_i と p_i を出力するようにした 1 ビット加算器である．また，CG は各ビットの加算器への c_i を出力する**桁上げ生成回路** (carry generation circuit) である．各 FA* の入力側に XOR ゲートを挿入すれば，順次桁上げ加算器と同様に減算も実行できるようになる．

[問 7-4] 4 ビットの加算器のための桁上げ生成回路を AND ゲートと OR ゲートにより構成せよ．
略解：図 7.8 の P^i と G^i を出力する部分を除外した回路．

図 7.7 の構成で n が大きくなると，それに比例して必要な論理ゲートの入力数 (式 (7.6) の $p_i p_{i-1} \cdots p_0 c_0$ を実現するための AND ゲートの入力数) が増加するので，非現実となる．そこで CG は通常 $n = 4$ 程度として構成される．

被加数，加数の桁数が大きい場合には，しばしばそれらを複数個のグループに分割し，各グループ内や各グループ間での桁上げ先見が行われる．このような桁上げ先見を行うことのできる回路のことを**桁上げ先見回路** (carry look ahead circuit) という．桁上げ先見回路の構成はグループ間桁上げ先見のための機能が付加されること以外桁上げ生成回路と同じである．4 ビットで 1 つのグループを構成するときの桁上げ先見回路の構成例を図 7.8 に示す．$p_0^i \sim p_3^i$ および

7.3 多ビット加減算器

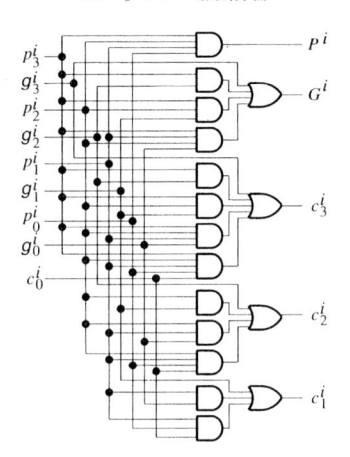

図 7.8 桁上げ先見回路

$g_0^i \sim g_3^i$ は，それぞれ，i 番目のグループ内の各桁からの桁上げ生成関数の値および桁上げ伝搬関数の値であり，$c_1^i \sim c_3^i$ は各桁 (最下位を除く) への桁上げの値である．また，P^i, G^i は，グループ間での桁上げの先見を行うための桁上げ生成関数の値および桁上げ伝搬関数の値である．

桁上げ先見回路を用いて構成した 16 ビットの桁上げ先見加算器を図 7.9 に示す．CLA は 4 ビットの桁上げ先見回路である．CLA は 4 ビット分の FA*

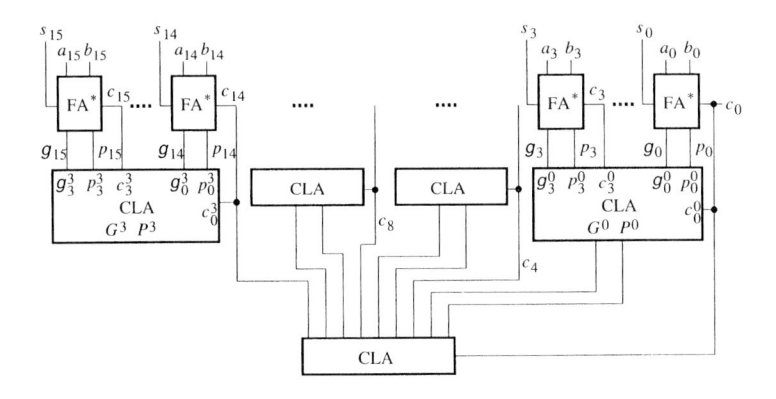

図 7.9 桁上げ先見回路を用いた多ビット桁上げ先見加算器

毎に計 4 個設けられているが，このままでは上位 3 個の桁上げ先見回路の桁上げ入力を供給できない．そこでこれら 4 個の桁上げ先見回路の出力 P^i, G^i ($0 \leq i \leq 3$) を入力とする 5 個目の桁上げ先見回路を用意し，グループ間の桁上げの先見を行い，各グループへの桁上げを生成している．

図 7.9 の桁上げ先見加算器に要する CLA の段数は，$\lceil \log n / \log 4 \rceil$ ($\lceil x \rceil$ は x 以上の最小整数を表す) である．したがって，1 つの CLA による計算時間を T_{CLA} とするとき，全体の桁上げ計算時間は $(\lceil \log n / \log 4 \rceil) T_{CLA}$ となる．このことから，加算の桁数が大きい場合，桁上げ先見加算器は計算速度の面で順次桁上げ加算器よりもはるかに有利である．

7.4 乗算器

本節では乗算器について述べるが，理解を容易にするために乗数，被乗数ともに正の整数とする．整数を対象とした乗算器については他の成書[4]を参考にして頂きたい．

7.4.1 基本的な乗算器

2 進数の乗算の基本的原理は，部分積を順次加算するという 10 進数の乗算と同じである．一例を図 7.10 に示す．被乗数と乗数の各ビットとの論理積をとっ

```
           0 1 1 1    (被乗数)
        × ) 0 1 0 1   (乗数)
           0 1 1 1  ← (部分積1)
          0 0 0 0   ← (部分積2)
         0 1 1 1    ← (部分積3)
       +)0 0 0 0    ← (部分積4)
         0 0 1 0 0 0 1 1
```

図 7.10 乗算の原理

たものが部分積 (部分積 1〜4) である．部分積は，同図に示すように，乗数のビットが 0 であれば 0 に，1 であれば被乗数そのものとなる．これらの部分積を 1 桁ずつ上位にシフトしながら加算することにより乗算結果が得られる．

7.4 乗算器

上図の手続きを忠実に実現した4ビットの乗算器を図7.11に示す．被乗数およ

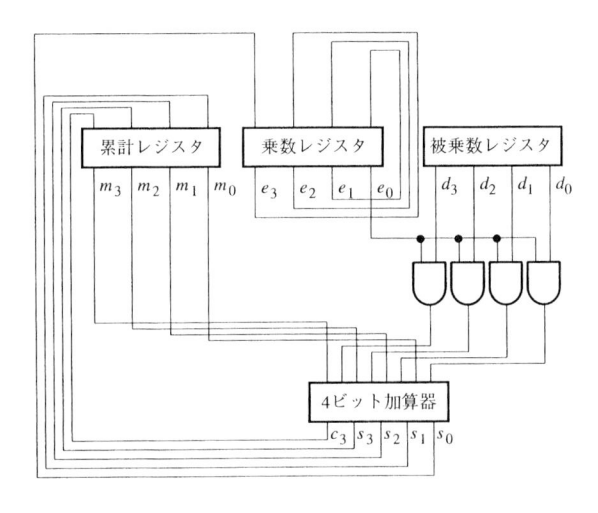

図 7.11 基本的な乗算器

び乗数を，それぞれ，$a_3a_2a_1a_0$ および $b_3b_2b_1b_0$ とする．被乗数レジスタ，乗数レジスタおよび累計レジスタは，4ビットの2進数を記憶するための回路であり (**10.1** 参照)，乗算を開始する前にそれぞれ，$a_3a_2a_1a_0$，$b_3b_2b_1b_0$ および 0000 が書き込まれている．まず，$e_0 = 0(b_0 = 0)$ であれば 0000 と $m_3m_2m_1m_0(=0000)$ とを加算器により加算し，$e_0 = 1(b_0 = 1)$ であれば $d_3d_2d_1d_0(=a_3a_2a_1a_0)$ と $m_3m_2m_1m_0(=0000)$ とを加算器により加算する．そして，その部分加算の結果のうち上位4ビット $c_3s_3s_2s_1$ を累計レジスタに格納するとともに，最下位ビット s_0 と加算直前の乗数レジスタの上位3ビットとを $e_3e_2e_1e_0(e_3 = s_0, e_2 = b_3, e_1 = b_2, e_0 = b_1)$ として乗数レジスタに格納する．これは，利用済みの乗数ビット (b_0) を破棄して乗数レジスタの内容を1ビットだけ右にシフトするとともに，空いた最上位ビットに現時点での乗数結果の最下位ビットの値を書き込むという処理である．以後，同様の操作を3回くり返すことにより，乗算結果の上位4ビットおよび下位4ビットが，それぞれ，累計レジスタおよび乗数レジスタに格納される．

[問 7-5] 上図の乗算器で加算結果の最下位ビットを e_3 に入れるのは，図 7.10 の手続きのどれに対応するか説明せよ．

略解：図 7.10 の乗算では，乗数の最下位から順に求めた部分積が 1 桁ずつ上位にシフトして加算される．その度に最終的な乗算結果が下位から順に 1 ビットずつ決定される．上図の乗算もこれと同じ原理にもとづいており，e_3 を乗数レジスタに入れるのは，この部分積の加算により最終的な値として決定されたビットの値を保持するとともに，次の部分積を加算するときの累計レジスタの桁合せを行うことに対応する．

基本的な除算器では，被除数から除数を減算するという操作を繰り返すことにより除算を行うが[4]，ここではこれ以上深入りしないことにする．

7.4.2 配列型乗算器

配列型乗算器 (array multiplier) は，上に述べた基本的な乗算器をさらに高速化したものであるが，その原理自体は図 7.11 の回路と同じである．8 ビットの配列型乗算器の構成例を図 7.12 に示す．$a_7 \cdots a_1 a_0 = a$，$b_7 \cdots b_1 b_0 = b$ および $z_{15} \cdots z_1 z_0 = z$ とする．a，b および z は，それぞれ，被乗数，乗数および乗算結果である．各行に並んだ 8 個の AND ゲートは，部分積 $a \times b_i (0 \leq i \leq 7)$ を計算しており，3 行目以降 8 行目までの各行の FA と HA は，紙面の上から順にその行までの各行の部分積の和と次の行への桁上げを生成している．したがって，最下部の行の FA と HA によりさらにこの部分積の和と桁上げを処理すれば z が得られる．とくに，各 FA，HA で算出された桁上げは最後の行を除いて左下の FA，HA(次の部分積の次の桁)に送出されるだけなので，結局乗算器全体としての桁上げは a_i の配線に沿って右上から左下に伝搬することになる．

配列型乗算器に要する FA，HA の行数は乗数の桁数を n とするとき $n-2$ である．したがって，n が大きい場合この乗算器の計算時間は n に比例する．これに対して，図 7.10 の乗算器では，1 つの部分積の計算毎に桁上げが最悪 n 桁伝搬するので，全体の計算時間は n^2 に比例する．

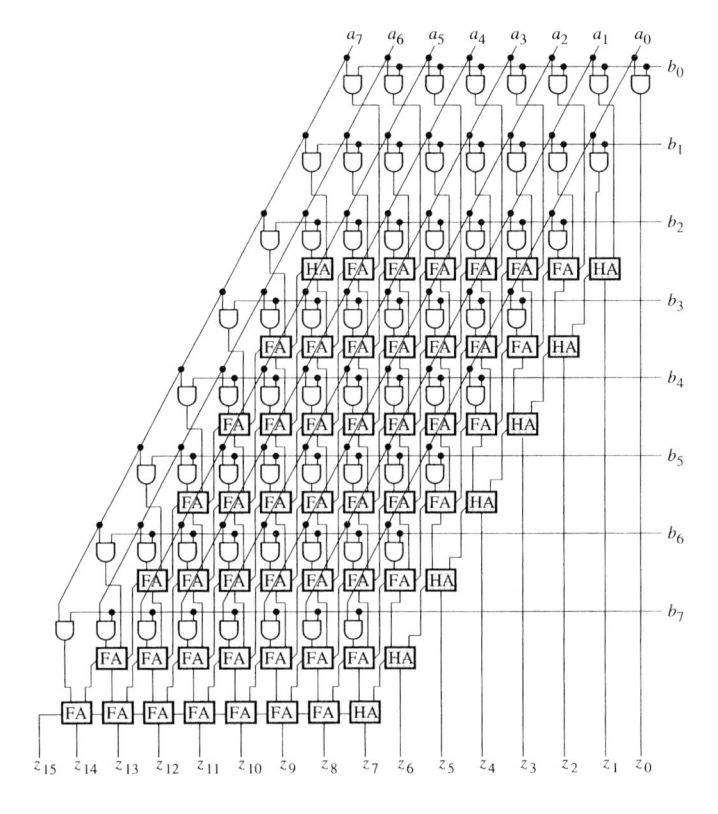

図 7.12 8ビット配列型乗算器

7.5 算術論理演算装置

算術論理演算装置 (ALU) は，その名の通り，加算，乗算などの算術演算と論理積，論理和などの論理演算を行うための回路である．ALU の入出力記号を図 7.13 に示す．a, b および z は，それぞれ，被演算数，演算数および演算結果を表し，いずれも複数ビットの 2 進数である．また，c_{in} および c_{out} は，それぞれ，この ALU への桁上げ入力およびこれからの桁上げ出力であり，いずれも 1 ビットである．e は算術演算や論理演算の種類を指定するための制御信号である．

7. 演算回路

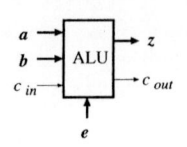

図 7.13 ALU の入出力

表 7.1 に ALU の機能の一例を示す．左側は論理演算，右側は算術演算である．また，図 7.14 にこの ALU を実現する 1 ビット当りの回路構成を示す．a_i,

表 7.1 ALU の機能

e_4	e_3	e_2	e_1	e_0	機 能	e_4	e_3	e_2	e_1	e_0	機 能
0	0	0	0	0	a	1	0	0	0	0	a plus c_{in}
0	0	0	0	1	$a+b$	1	0	0	0	1	$(a+b)$ plus c_{in}
0	0	0	1	0	$a+\overline{b}$	1	0	0	1	0	$(a+\overline{b})$ plus c_{in}
0	0	0	1	1	1	1	0	0	1	1	c_{in} plus 1
0	0	1	0	0	$a \oplus b$	1	0	1	0	0	a plus b plus c_{in}
0	0	1	0	1	$a \cdot \overline{b}$	1	0	1	0	1	$a \cdot b$ plus a plus c_{in}
0	0	1	1	0	$\overline{a+\overline{b}}$	1	0	1	1	0	$a \cdot b$ minus c_{in}
0	0	1	1	1	$\overline{b}$	1	0	1	1	1	b minus c_{in}
0	1	0	0	0	$\overline{a \oplus b}$	1	1	0	0	0	a minus b minus c_{in}
0	1	0	0	1	$\overline{a+b}$	1	1	0	0	1	$a \cdot \overline{b}$ minus c_{in}
0	1	0	1	0	$a \cdot b$	1	1	0	1	0	$a \cdot \overline{b}$ plus a plus c_{in}
0	1	0	1	1	b	1	1	0	1	1	b plus c_{in}
0	1	1	0	0	$\overline{a}$	1	1	1	0	0	a minus c_{in}
0	1	1	0	1	$\overline{a \cdot b}$	1	1	1	0	1	a plus $(a+\overline{b})$ plus c_{in}
0	1	1	1	0	$\overline{a \cdot b}$	1	1	1	1	0	a plus $(a+b)$ plus c_{in}
0	1	1	1	1	0	1	1	1	1	1	c_{in}

b_i および z_i はそれぞれ i 桁目の被演算数，演算数および演算結果であり，c_i および c_{i+1} はそれぞれ下位からの桁上げ入力および上位への桁上げ出力である（このうちの c_i, c_{i+1} は ALU 内部で使用される信号である）．また，$e=e_4 \sim e_0$ は演算の種類を指定するための制御信号である．

例えば $e=00000$ の場合，$G_1 \sim G_5$ の出力はすべて 0 となり，G_6 および G_7 の出力は，それぞれ，a_i および 0 となる．したがって，FA では次式の演算が実行され，

$$z_i = a_i \oplus 0 \oplus 0 = a_i \tag{7.7}$$

7.5 算術論理演算装置

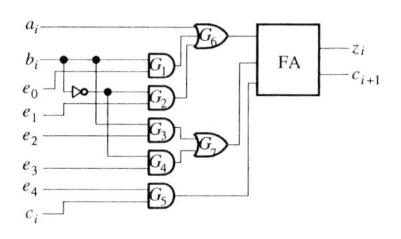

図 7.14 ALU の 1 ビット当りの回路構成

ALU には a_i の値がそのまま出力される．また，e=00001 の場合，G_1 の出力が b_i，$G_2 \sim G_5$ の出力がすべて 0 となるので，G_6 および G_7 の出力は，それぞれ，$a_i + b_i$ および 0 となる．この結果，FA では次式の演算 (+ は論理和を示す) が実行される．

$$z_i = (a_i + b_i) \oplus 0 \oplus 0 = a_i + b_i \tag{7.8}$$

以上は論理演算の例であるが，e=10100 の場合とすると，G_3 および G_5 の出力は，それぞれ，b_i および c_i，G_1, G_2, G_4 の出力はすべて 0 となるので，G_6 および G_7 の出力は，それぞれ，a_i および b_i となって，算術加算 (z_i) と桁上げ演算 (c_{i+1}) を実行する (+ は論理和演算)．

$$z_i = a_i \oplus b_i \oplus c_i \tag{7.9}$$

$$c_{i+1} = a_i b_i + b_i c_i + c_i a_i \tag{7.10}$$

となる．

[問 7-6] 表 7.1 の他の機能について，図 7.14 の回路の動作を確かめよ．

図 7.14 の回路を利用すれば，4 ビット ALU が図 7.15 のように構成できる．コンピュータの CPU には ALU が必ず使用されている．

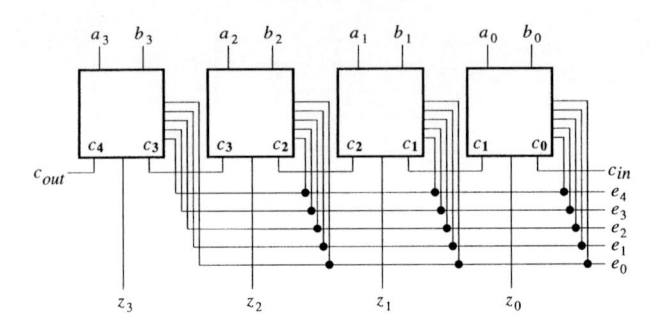

図 7.15 4 ビット ALU

文　献

1) 田村進一：ディジタル回路，pp.119-122，昭晃堂 (1987).
2) 高木直史：加算回路のアルゴリズム．情報処理学会学会誌，第 37 巻第 1 号，pp.80-85(1996).
3) N.H.E.Weste and K.Eshraghian："Principle of CMOS VLSI Design"，pp.240-245，Addison-Wesley(1994).
4) 田丸啓吉：ディジタル回路，pp.72-142，昭晃堂 (1987).
5) 高木直史：乗算回路のアルゴリズム．情報処理学会学会誌，第 37 巻第 2 号，pp.176-181(1996).
6) 菅野卓雄 (監)，飯塚哲哉 (編)：CMOS 超 LSI の設計，pp.224-226，培風館 (1998).

演 習 問 題

[1] 図 7.6 の構成の加算器で $n = 5$ とする．また，$e = 0$ であるとする．$a = 10101$ とするとき，加算時間が最長となる b を求めよ．

[2] 入力ビット数を 32 ビットとしたとき，図 7.5 の順次桁上げ加算器の計算時間の最悪値および図 7.8 と図 7.9 で構成される桁上げ先見加算器のそれを求めよ．ただし，すべての FA，FA* における各入出力間の伝搬遅延時間をすべて $2T$ とし，図 7.8 の基本論理ゲートの伝搬遅延時間をすべて T とする．

[3] 図 7.12 の配列乗算器の計算時間の最悪値を求めよ．ただし，すべての FA，HA における各入出力間の伝搬遅延時間をすべて $2T$ とし，すべての AND ゲートの伝搬遅延時間を T とする．

[4] FA，MUX，基本論理ゲートを用いて表 7.2 の機能をもつ 1 ビットの ALU を構成せよ．ただし，a，b および c_{in} は，それぞれ，被演算数，演算数および桁

上げ入力であり，e_2, e_1, e_0 は演算の種類を指定するための制御信号である．

表 7.2 ALU の機能

e_2	e_1	e_0	機 能
0	0	0	$a + b$
0	0	1	$a\,b$
0	1	0	$\overline{a}$
0	1	1	$\overline{b}$
1	0	0	a plus b plus c_{in}
1	0	1	a plus 1
1	1	0	b plus 1
1	1	1	c_{in} plus 1

8

ラッチとフリップフロップ

論理値を記憶することのできる素子のことを**記憶素子** (memory element) という．3.3 で述べた双安定マルチバイブレータは出力電圧の 0 および E をそれぞれ論理 0 および 1 に対応させたとき，1 ビットの情報を記憶することのできる記憶素子である．しかし，LSI が発達した現在では，記憶素子がこのマルチバイブレータのようにトランジスタや抵抗などで構成されることはほとんどない．広く利用されている記憶素子はほとんど LSI 化されており，その回路構成は **4** 章で述べた基本論理ゲートを用いて示される．

基本論理ゲートを用いて構成される基本的記憶素子のことを**ラッチ** (latch) という．ラッチには，ゲートの製造技術に関係なく実現できる構成と，製造技術に特有な構成とがある．ここではこれらのラッチとこれに多少の機能を付与してより使い易い構造に変更・拡充した**フリップフロップ** (flip-flop) について，論理的な側面からみた構造を明らかにするとともに具体的な回路例を示す．また，**3** 章で述べた無安定マルチバイブレータや単安定マルチバイブレータの基本論理ゲートによる構成法についてもふれる．

8.1 ラ ッ チ

3.3 で述べた双安定マルチバイブレータは 2 つの反転増幅器を交叉接続して構成されている．図 8.1 の回路はこれらの反転増幅器を 2 入力 NOR ゲート G_1, G_2 に置き換えることによって得られたものである．x_1, x_2 は入力値，y_1, y_2 は出力値であり，いずれも 0 または 1 の値をとるものとする．以下，記述を簡

8.1 ラッチ

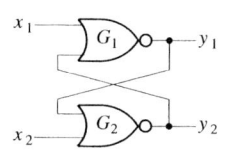

図 8.1 NORゲートを用いた記憶素子

便にするために，変数の組 $s_1, s_2, \cdots, s_m$ の値が $d_1, d_2, \cdots, d_m$ であることを $(s_1, s_2, \cdots, s_m) = (d_1, d_2, \cdots, d_m)$ と略記することにする．いま，上の回路で入力を $(x_1, x_2) = (1, 0)$ に固定したとすると，NORゲートの機能から $y_1 = 0$ となり，したがって $y_2 = 1$ となって安定する．同様に，$(x_1, x_2) = (0, 1)$ に固定すれば，$(y_1, y_2) = (1, 0)$ に安定する．さらに，$(x_1, x_2) = (1, 1)$ に固定した場合，$(y_1, y_2) = (0, 0)$ に安定することも容易にわかる．

次に，$(x_1, x_2) = (0, 0)$ に固定した場合について述べる．$(y_1, y_2) = (0, 1)$ となっているときに $(x_1, x_2) = (0, 0)$ とすれば，NORゲートの機能から，その後の出力変化は起こらない．同様に，$(y_1, y_2) = (1, 0)$ となっているときに $(x_1, x_2) = (0, 0)$ とした場合にも，出力変化は起こらない．すなわち，$(x_1, x_2) = (0, 0)$ とした時刻において $(y_1, y_2) = (1, 0)$ および $(0, 1)$ であれば，その後出力 (y_1, y_2) はそれぞれ $(1, 0)$ および $(0, 1)$ のまま変化せず，双安定マルチバイブレータと同様に，$(x_1, x_2) = (0, 0)$ とする直前の出力状態が以後この回路に記憶される．しかし，$(y_1, y_2) = (0, 0)$ のときに $(x_1, x_2) = (0, 0)$ に固定した場合には，その後 $(y_1, y_2) = (0, 1)$ または $(y_1, y_2) = (1, 0)$ のいずれかに安定する．このことは，$(x_1, x_2, y_1, y_2) = (0, 0, 0, 0)$ という1つの状態から出発した場合，2種類の出力値に到達する可能性のあることを示すもので，回路を設計する上で極めてやっかいである．

[問 8-1] 図8.1の回路において $(y_1, y_2) = (1, 1)$ が長期間持続することのない理由を述べよ．
ヒント：NORゲートの論理機能に着目せよ．

以上から，図 8.1 の回路は 1 ビットの記憶素子として利用できるが，

$(x_1, x_2, y_1, y_2) = (0,0,0,0)$ が生じると不安定になることがわかった．そこでこの回路を記憶素子として利用する場合には，通常，$(x_1, x_2) = (1,1)$ という入力の使用を禁止し，$(y_1, y_2) = (0,0)$ が決して起こらないように配慮される．この結果，(y_1, y_2) の値は常に $(0,1)$ または $(1,0)$ となり，$y_1 = \overline{y_2}$ が成り立つ．そこで図 8.1 の回路はしばしば，x_1, x_2, y_1, および y_2 をそれぞれ R, S, Q および $\overline{Q}$ で置き換えて，図 8.2(a) のように示される．また，この回路の

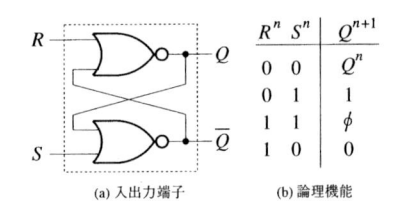

図 8.2 SR ラッチの論理機能

論理的な機能は同図 (b) に示す表のように整理できる．各記号の右肩に付した n および $n+1$ は，それぞれ，その記号の示す値が現在の値および次にとるべき値であることを示す．また，ϕ は入力 $(1,1)$ が禁止されていることを示す．例えば，$(R^n, S^n) = (0, 0)$, $Q^{n+1} = Q^n$ の行は，$R = S = 0$ としたとき次にとるべき Q の値が直前の値に一致することを示している．このような表のことを**論理機能表** (logical function table) という．

本書においては，図 8.2(b) のような論理機能をもつ回路のことを **SR ラッチ** (SR latch) という．SR ラッチという呼称は図 8.2(a) の回路に対してつけられたものではなく，入出力の論理機能が同図 (b) を満たすような回路の総称である．図 8.2(a) の回路を指定する場合には，NOR ゲートにより構成されていることからしばしば，**NOR ラッチ** (NOR latch) とも呼ばれる．

[問 8-2] 図 8.2(b) と同様にして図 8.3(a) の記憶素子の論理機能表 が同図 (b) のようになることを確かめよ．このような回路のことを **NAND ラッチ** (NAND latch) という．
ヒント：NAND ゲートの機能から確かめよ．

8.1 ラッチ

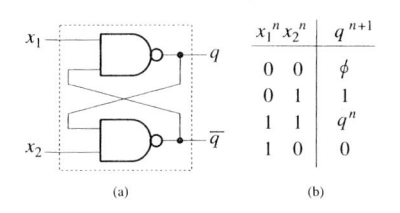

$x_1^n\, x_2^n$	q^{n+1}
0　0	ϕ
0　1	1
1　1	q^n
1　0	0

(a)　　　　　(b)

図 8.3　NAND ラッチ

次に，CMOS ゲートに特有な **CMOS ラッチ** (CMOS latch) について述べる．この回路構成を図 8.4 に示す[5]．x および y は，それぞれ，入力値および

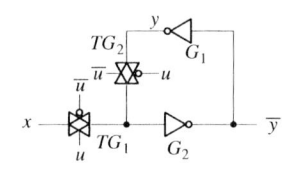

図 8.4　CMOS ラッチの基本構成

出力値であり，u は制御入力値である．いま，x の値を不変に保つものとする．$u=1$ とすれば，伝達ゲート TG_1 および TG_2 はそれぞれ導通および遮断となるので，直前の y の値には関係なく $y=x$ となる．その後 u を $1 \to 0$ 変化させると，TG_1 および TG_2 はそれぞれ遮断および導通となるが，y の値はその直後においても不変に保たれる．この状態は G_1，TG_2，G_2 で形成される閉ループにより入力値 x を記憶した状態である．とくに，u の $1 \to 0$ 変化後もループ内に入力値が保持されるのは，次のような理由によるものである．インバータや伝達ゲートは CMOS 構造であるから，これらの出力端には製造時において寄生的に生成される寄生容量が存在する．このため，$u=1$ の期間にインバータまたは伝達ゲートの出力端に充電された電圧は，$u=0$ となって TG_1 が遮断された直後においてもほとんど変化せず，SR ラッチと同様の原理 (インバータの交叉接続) で保存される．

以上述べた 3 種のラッチは，いずれも以下に述べるように，多少の機能を付与したより使い易い回路に拡充した上で，**フリップフロップ** (flip-flop) として

広く利用されている．

8.2 フリップフロップとその種類

5.1で述べたように，順序回路は同期式順序回路と非同期式順序回路に大別されるが，このうち同期式順序回路は，内蔵しているすべての記憶素子の内容が**クロックパルス** (clock pulse) と呼ばれるパルスに同期して変化するような順序回路である．図 8.5 にクロックパルスの例を示す．これは一定の周期 T で繰

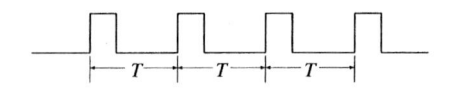

図 8.5 クロックパルス

り返す方形波のパルス列である．同期式順序回路では，通常，このパルスが 1 にある期間においてのみ，各記憶素子の記憶内容が入力値に依存して更新されるが，0 にある期間には決して更新されない．このようにクロックパルスは同期式順序回路における記憶素子の記憶内容を定期的に更新するための時刻の基準となる．

コンピュータをはじめ現在実用に供されている大多数の順序回路は同期式順序回路として実現されるから，市販の記憶素子もこれを利用することを前提に作られる．すなわち，いずれの記憶素子も，クロックパルスの入力端子をもち，これに与えたクロックパルスが 1 であるときにのみ，入力に応じて出力が変化するような機能を有している．また，**8.1**で述べたラッチの論理機能のままでは，種々の利用目的に対して必ずしも使いやすいとはいえず，市販の記憶素子では，多くの場合，電源投入時における初期化 (0 か 1 に固定すること) の機能が付与されている．以下，このような機能をラッチに付与した記憶素子のことを**フリップフロップ**という．本節では，フリップフロップの代表例として，**RS** フリップフロップ (RS flip-flop)，**D** フリップフロップ (D flip-flop)，**T** フリップフロップ (T flip-flop) および **JK** フリップフロップ (JK flip-flop) を取り上げる．これらのフリップフロップの名称は，SR ラッチと同様に，いずれも入

出力からみた論理機能に対して定義されたものであって，内部の回路構造を規定するものではない．

8.2.1 RS フリップフロップ

RS フリップフロップは図 8.6(a) のような入出力端子をもち，同図 (b) のような論理機能を示す．PR, CL はこのフリップフロップを初期化するための

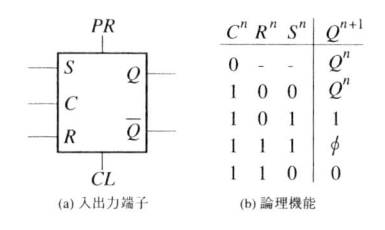

C^n	R^n	S^n	Q^{n+1}
0	–	–	Q^n
1	0	0	Q^n
1	0	1	1
1	1	1	ϕ
1	1	0	0

(a) 入出力端子　　(b) 論理機能

図 8.6　RS フリップフロップの論理機能

信号であって，$PR = 1$ および $CL = 1$ としたとき，クロックパルスの値に関係なく，それぞれ，$Q = 1$ および $Q = 0$ となる．以下，PR および CL をそれぞれ**プリセット入力** (preset input) および**クリア入力** (clear input) という．C はクロックパルスである．$C = 0$ のとき，R, S の値に関係なく，出力 Q の値は変化しないが，$C = 1$ のときには，図 8.2(b) の論理機能表に従って Q の値が変化する．記号 – は 0, 1 のどちらでもよいことを示している．例えば，$(R, S, C, Q) = (0, 0, 0, 0)$ を初期状態として，その後 S のみを $1 (R = 0)$ とすれば，次に $C = 1$ となった時点で $(R, S, C, Q) = (0, 1, 1, 1)$ となる．このときの動作のように Q を 0 から 1 に変化させることをフリップフロップを**セット** (set) するという．同様に，$(R, S, C, Q) = (0, 0, 0, 1)$ を初期状態として，その後 $R = 1 (S = 0)$ とすれば，つぎに $C = 1$ となった時点で Q は 0 となる．Q を 1 から 0 に変化させることをフリップフロップを**リセット** (reset) するという．RS フリップフロップは，2 種類の信号 S および R によって，それぞれ，出力をセットおよびリセットするような応用に適している．

図 8.7 の回路は，図 8.1 の NOR ラッチにより構成した単純な RS フリップフロップである．出力 Q は $C = 1$ のときにのみ入力 R, S に応じて変化する．

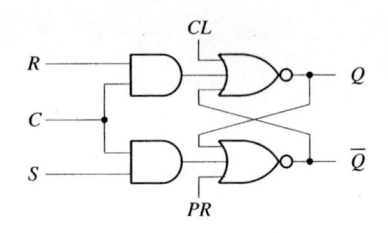

図 8.7 NOR ラッチを用いた単純な RS フリップフロップ

以下，記述を鮮明にするために，誤解の恐れのない限り，すべてのフリップフロップのプリセット信号 PR およびクリア信号 CL の関連回路を省略することにする．

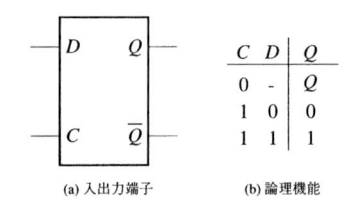

8.2.2 D フリップフロップ

D フリップフロップは，図 8.8(a) のように，入力端子 D とクロックパルスのための入力端子 C をもつ．RS フリップフロップに比して，入力数が少ないの

C	D	Q
0	-	Q
1	0	0
1	1	1

(a) 入出力端子 (b) 論理機能

図 8.8 D フリップフロップ

で，論理機能表も同図 (b) のように単純である．また，表現を単純化するために各記号の添字 n, $n+1$ は省略されている．このフリップフロップは，$D=0$ および $D=1$ のとき $C=1$ となれば，直前の Q の値には関係なく，その後それぞれ $Q=0$ および $Q=1$ となる．D フリップフロップは 1 ビットの情報を記憶保持するような目的に広く利用されている．

図 8.4 の CMOS ラッチにおいて，u, x および y を，それぞれ，C, D および Q に対応させると，そのまま D フリップフロップとなる．

[問 8-3] クロックパルスが加えられる直前および直後における Q の値をそ

れぞれ Q^n および Q^{n+1} で表す．(Q^n, Q^{n+1}) は $(0,0)$ から $(1,1)$ まで 4 組考えられる．D フリップフロップにおいて各組の変化を生起させるために与えるべき D の値 D^n を示せ．

略解：図 8.8(b) から導出せよ．

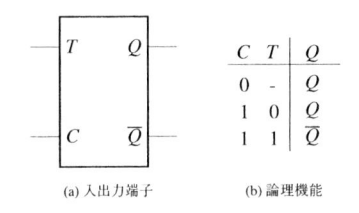

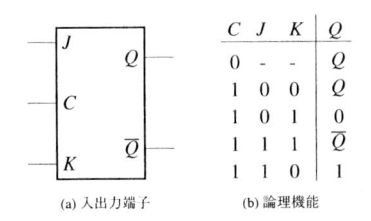

8.2.3　T フリップフロップ

T フリップフロップは Toggle flip-flop の略称であり，図 8.9 に示す入出力端子と論理機能をもつ．このフリップフロップでは，$T = 1$ のとき $C = 1$ とな

C	T	Q
0	-	Q
1	0	Q
1	1	$\overline{Q}$

(a) 入出力端子　　(b) 論理機能

図 8.9　T フリップフロップ

れば直前の Q の値が反転し，それ以外のとき Q の値は変化しない．すなわち，$T = 1$ である限り $C = 1$ となるたびに出力が反転する．

8.2.4　JK フリップフロップ

JK フリップフロップの入出力端子と論理機能を図 8.10 に示す．他のフリップフロップと同様に，出力が変化するためには $C = 1$ でなければならない．同図 (b) の論理機能表において，$J = K = 1$ を除外し，かつ J および K をそれ

C	J	K	Q
0	-	-	Q
1	0	0	Q
1	0	1	0
1	1	1	$\overline{Q}$
1	1	0	1

(a) 入出力端子　　(b) 論理機能

図 8.10　JK フリップフロップ

ぞれ S および R に対応させると，このフリップフロップは RS フリップフロップと全く同じ機能となる．また，$J=K=1$ として利用すれば，T フリップフロップと同じ機能を果たす．

[問 8-4]　JK フリップフロップと 1 つのインバータを利用すれば，D フリップフロップを構成することができる．どのようにすればよいか．
ヒント：入力の一方にインバータを挿入せよ．

8.3　マスタスレーブ形フリップフロップ

図 8.11 の回路は，単純な D フリップフロップである．クロックパルス C が

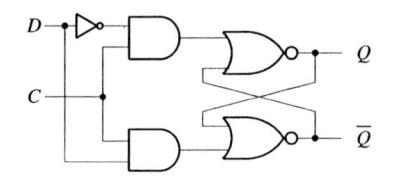

図 8.11　単純な D フリップフロップ

1 の期間，D に変化がなければ，このフリップフロップは図 8.8(b) の論理機能表に従って正確に D フリップフロップとして動作する．しかし，この期間に D が変化すると，例えば，次のような問題が生起する．

C, D の波形が図 8.12 のようになったとする．説明を簡単にするために，フ

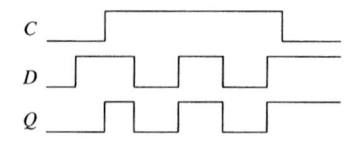

図 8.12　不適切な入出力波形

リップフロップの伝搬遅延時間は無視するものとする．このとき，出力 Q は図

のようにクロックパルスが1となっている間に010101と変化する．このため，このような変化が出力に現れた場合には，後続の回路に存在するフリップフロップなどで予期しない複雑な動作が起こり，最悪の場合には誤動作が起こってしまう．これを防止するためには，C の1回の $0 \to 1 \to 0$ 変化あたり Q の値が高々1回しか変化しないようにしなければならない．

マスタスレーブ形フリップフロップ (master-slave flip-flop) は上述のような問題を解決するために考えられたフリップフロップの構成法の1つである．この構造の例を図 8.13 に示す[1]．このフリップフロップは，**マスタラッチ** (master

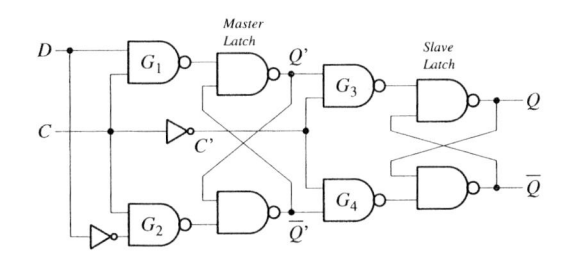

図 8.13 マスタスレーブ形 D フリップフロップ

latch) と**スレーブラッチ** (slave latch) の2つの NAND ラッチを用いて構成されている．D の値を記憶するときには，まず，$C=1$ として G_3, G_4 により2つのラッチ間のデータ転送を遮断し，D の値をマスタラッチに Q' の値として取り込む．Q' の値は $C=1$ の期間に図 8.12 のように変化するかもしれないが，この間スレーブラッチの出力は全く変化しない．次に，C が1から0に変化したとき，G_1, G_2 によって入力 D とマスタラッチの間を遮断して Q' の入力値への追随を阻止するとともに，G_3, G_4 によってマスタラッチとスレーブラッチを接続して，そのときの Q' の値をスレーブ側に転送する．これによって，スレーブラッチの値はマスタラッチの出力に一致し，次に C が $1 \to 0$ 変化するまで D の変化に関係なく保持される．この理由は次のように説明できる．

いま，すべてのゲートの伝搬遅延時間が Δ であるとすれば，C が $0 \to 1$ 変化したとき，C' は Δ だけ遅れて $1 \to 0$ 変化する．これに対して D の値は C の $0 \to 1$ 変化から 2Δ だけ遅れてマスタラッチの出力に現れる．したがって，

C の $0 \to 1$ 変化に伴ってマスタラッチに入力された D の値が C の $1 \to 0$ 変化より前にスレーブラッチに到達することはない．また，C の $1 \to 0$ 変化は明らかに C' の $0 \to 1$ 変化に先行するので問題はない．したがって，D の値が C の $1 \to 0$ 変化に極めて接近して変化するという臨界的な動作がない限り，Q の値は，D の値のいかなる変化に対しても，C の1回の $1 \to 0$ 変化に対して高々1回だけ変化し，次の C の $1 \to 0$ 変化まで不変となる．

[問 8-5]　図 8.13 の回路において，C の $0 \to 1$ 変化と D の値の変化とが極めて接近したとき，具体的にどのような問題が発生するのかを検討せよ．
ヒント：インバータの伝搬遅延時間に着目せよ．
略解：マスタラッチの2つの入力値が (0,0) または (1,1) となる可能性がある．

図 8.14 にマスタスレーブ形 JK フリップフロップの例を示す[1]．G_3，G_4 が

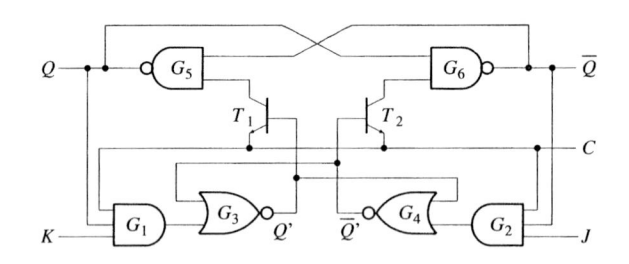

図 8.14　マスタスレーブ形 JK フリップフロップ

マスタラッチ，G_5，G_6 がスレーブラッチである．$C=1$ なら，トランジスタ T_1，T_2 が遮断状態になるとともに，マスタラッチは J，K，Q の値に応じて新たな内容を記憶する．次に，$C=0$ となると G_1，G_2 がマスタ側への入力を遮断するとともに，T_1，T_2 の一方が導通状態となりマスタの記憶内容 Q' をスレーブ側に転送する．その後再び $C=1$ となるまで Q の値が変化しないことは容易に理解できる．

以上の2例は，TTL，CMOS いずれにも適用可能な構成であるが，図 8.15 は CMOS 技術に適したマスタスレーブ形 D フリップフロップの例である．

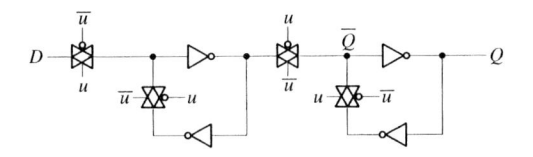

図 8.15 マスタスレーブ形 CMOS D フリップフロップ

[問 8-6]　図 8.15 のフリップフロップの動作を説明せよ．

以上から明らかになったように，マスタスレーブ形フリップフロップの出力は，クロックパルスの一周期内に入力が何回変化しても，高々1 回しか変化しない．

8.4　エッジトリガ形フリップフロップ

マスタスレーブ形フリップフロップに代わるもう 1 つの方法として，**エッジトリガ形フリップフロップ** (edge trigger flip-flop) がある．このフリップフロップでは，クロックパルスの $0 \to 1$ 変化あるいは $1 \to 0$ 変化の瞬間においてのみ，記憶内容が入力に応じて更新される．図 8.16 にエッジトリガ形 D フリップフロップの回路例を示す[4]．図からわかるように，3 つの NAND ラッチ $L_1 \sim L_3$ が内蔵されている．このフリップフロップでは，C が $0 \to 1$ 変化したときの D の値のみが出力に伝搬する．$C = 0$ のとき，D の値に関係なく $\overline{S} = \overline{R} = 1$ となって出力値 Q は直前の値を記憶している．$D = 0$ のとき $P = 1$ かつ $U = 0$ となっているので，C が $0 \to 1$ 変化しても $\overline{S}$ は 1 のまま不変である．これに対して，$\overline{R}$ は C の $0 \to 1$ 変化に伴って 0 となる．このため，直前の値に関係なく $Q = 0$ となるとともに，G_1 が以後における D の値の取り込みを禁止する．他方，$D = 1 (C = 0)$ であれば，$P = 0$，$U = 1$ であり，C が $0 \to 1$ 変化しても $\overline{R}$ は 1 のまま不変である．これに対して，$\overline{S}$ の値は C の $0 \to 1$ 変化に伴って 0 となる．したがって，直前の値に関係なく Q が 1 となり，その後 D の値が変化しても，$C = 1$ である限り，G_4 によって阻止される．以上から，最悪の場合でも C の $0 \to 1$ 変化が G_3 に伝達されるまでのごく短い期間 D の

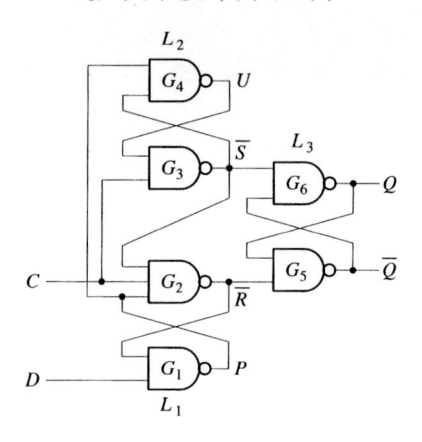

図 8.16 エッジトリガ形 D フリップフロップ

値が不変であれば，以後どのように変化しようと，この回路はその影響を受けないフリップフロップとして動作する．

[問 8-7]　図 8.16 の回路において，G_3 の出力から G_2 の入力に至る配線はどのような役割を果たしているか．
ヒント：この配線がないときの回路の動作に着目せよ．
略解：この配線がない場合，$D=1$ の状態から C が $0 \to 1$ 変化した直後に D が $1 \to 0$ 変化すると，$\overline{S} = \overline{R} = 0$ となり，$D=1$ が L_3 に伝達されない．すなわち，エッジトリガ形フリップフロップとして動作しない．

　図 8.17 はエッジトリガ形 JK フリップフロップの構成例である．このフリップフロップでも C が $0 \to 1$ 変化したごく短い期間の J, K の値によってのみ，出力値が決まる．

8.5　入力信号に対する制約

　エッジトリガ形フリップフロップでは，C が $0 \to 1$ 変化するごく短い期間を除けば，入力がいかに変化しても，記憶内容に影響することはなかった．しかし，C が $0 \to 1$ 変化する前後において，フリップフロップの入力が変化する

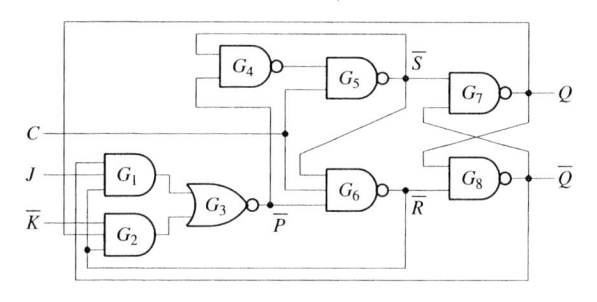

図 8.17 エッジトリガ形 JK フリップフロップ

と，フリップフロップの種類やこれを構成するゲートの伝搬遅延時間などにより程度に差はあるが，誤動作が起こる可能性がある．そこで，市販のフリップフロップでは，クロックパルスの変化と入力の変化が接近してはならない範囲を規定している．

C の $0 \to 1$ 変化に応答するエッジトリガ形フリップフロップに対する制約の例を図 8.18 に示す．T_s および T_h はそれぞれ C の $0 \to 1$ 変化の直前および直

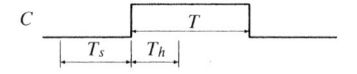

図 8.18 セットアップタイムとホールドタイム

後に設ける入力変化の禁止期間である．T_s および T_h をそれぞれ**セットアップタイム** (setup time) および**ホールドタイム** (hold time) という．T_s, T_h はフリップフロップのすべての入力と C の $0 \to 1$ 変化との間で設けられている．

結局，同期式順序回路に利用するときの入力に関する制約は，セットアップタイム，ホールドタイムの条件であるが，とくに RS フリップフロップでは，この他に $SR = 0$ という条件も加わる．

8.6 基本論理ゲートを用いた無安定/単安定マルチバイブレータ

3 章で述べた無安定マルチバイブレータや単安定マルチバイブレータは記憶回路とはいえないが，基本論理ゲートを利用しても実現することができ，その

回路構造はラッチと類似している．

図 8.19(a) に無安定マルチバイブレータの例を示す[6]．インバータは十分な

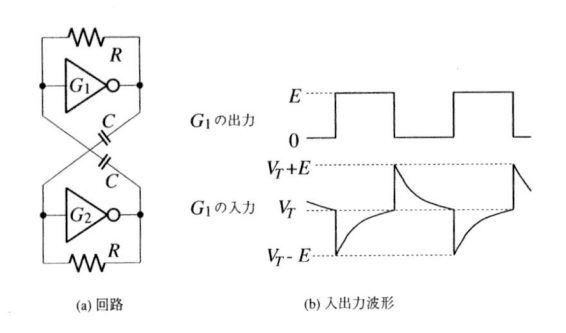

(a) 回路　　(b) 入出力波形

図 **8.19**　無安定マルチバイブレータ

電圧増幅率をもっているから，その出力は入力がしきい値電圧 V_T より低ければ 1，高ければ 0 となる．このため，例えば，G_1 および G_2 の出力がそれぞれ $0 \to 1$ 変化および $1 \to 0$ 変化した直後においては，G_1 の入力電圧が $V_T - E$ にあり，以後の E に向かって上昇するとともに，G_2 の入力電圧が $V_T + E$ にあり，以後 0 に向かって下降する．充電および放電の時定数はどのゲートの入力についても同じであるから，その後ある期間が経過すると，G_1 および G_2 の出力がそれぞれ上昇および下降して同時に V_T となり，再び出力値が反転する．このときの G_1 の入出力波形を同図 (b) に示す．

図 8.19 のマルチバイブレータの出力では，構造上論理 1 の期間と論理 0 の期間が同じであった．しかし，一般の無安定マルチバイブレータでは，論理 1 の期間と論理 0 の期間を独立に決めることができる．**デューティサイクル (duty cycle)** は，両者の期間の割合を表す指標であって，周期 T に対する論理 1 の期間 T_1 の比として定義される (図 8.20 参照)．図 8.19 の回路のデューティサイクルは 50% である．

図 8.21 に NAND ゲートを用いた単安定マルチバイブレータを示す[6]．十分長期間 $x = 1$ としたとき，回路は $y = 1$ となって安定している．このとき，インバータの入力電圧は 0 であり，容量両端の電圧も 0 である．いま，x を非常に短い期間 $0(1 \to 0 \to 1$ 変化$)$ とすると NAND ゲートの出力が 1 となり，こ

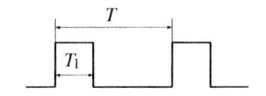

図 8.20 周期的な方形波のデューティサイクル

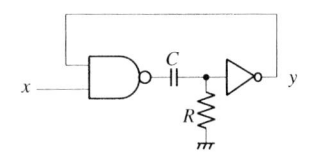

図 8.21 単安定マルチバイブレータ

れがインバータの入力に伝わり瞬時に $y = 0$ となる．その後 NAND ゲートの出力により容量 C の電圧が徐々に充電されて R に流れる電流が減少するので，ある時点でインバータの入力電圧がしきい値電圧以下になる．この結果，y が $0 \to 1$ 変化し，続いて NAND ゲート出力が 1(このとき $x = 1$) となってもとの状態に復帰する．入力抵抗の大きい CMOS ゲートにより構成した場合，$y = 0$ となる期間は CR の値のみにより増減できる．

[問 8-8] 図 8.21 の回路で x を周期 T で $1 \to 0 \to 1$ 変化させるものとする．$y = 0$ となる期間を $T/2$ 以上にしようとするとき，どのような問題が起こるか．ヒント：$V_t = E/2$ とするとき，C の充電時定数と放電時定数とが等しいことに着目せよ．

文　　献

1) 吉田典可，他：電子回路 II, pp.120-126, 朝倉書店 (1984).
2) S.C.Lee："Digital Circuit and Logic Design", pp.173-189, Prentice-Hall(1976).
3) 尾崎 弘，谷口慶治，浅田勝彦，川端信賢：電子回路 [ディジタル編]，共立出版 (1991).
4) S.Muroga："Logic Design and Switching Theory", pp.451-463, John Wiley & Sons(1979).
5) N.Weste and K.Eshraghian："Principles of CMOS VLSI Design", pp.205-221, Addison-Wesley(1985).
6) 白土義男：ディジタル IC のすべて，pp.77-81, 東京電機大学出版局 (1984).

演習問題

[1] 図 8.2 の SR ラッチにおいて Q^{n+1} が 1 となる条件を R^n, S^n, Q^n の関数として表現せよ．

　　ヒント：ϕ については $R^n S^n = 0$ として利用せよ．

[2] 図 8.10 の JK フリップフロップにおいて，$C=1$ として (Q^n, Q^{n+1}) とそれを引き起こすための (J^n, K^n) との関係を求めよ．

[3] 図 8.22 の回路において，D フリップフロップはエッジトリガ形である．C にクロックパルスを加えたとき，どのように動作するか．ただし，クロックパルスが 1 となる期間は，フリップフロップの伝搬遅延時間より十分長いものとする．

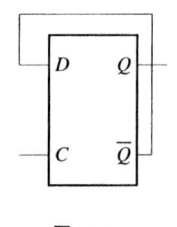

図 8.22

[4] 図 8.17 のフリップフロップには，ラッチなどの記憶素子が何個あるか．また，C の $0 \to 1$ 変化のみに応答するようにするための機能について説明せよ．

[5] 図 8.15 にならってマスタスレーブ形 CMOS JK フリップフロップを構成せよ．

[6] 2 つのネガティブエッジトリガ形単安定マルチバイブレータを用いて，方形波パルス発生器を構成せよ．

9

順序回路の論理構造と機能表現

順序回路の出力値は **5.1** で述べたように入力値だけでは決まらない．したがって，このメカニズムを知ることは，順序回路を理解したり設計したりする上で極めて重要である．そこで本章では，**10 章**以降の理解を助けるために，順序回路の論理的な構造，機能の表現法，概略設計法について述べる．

9.1 順序回路の構造

2 つの 2 進数 $a = a_{n-1}a_{n-2}\cdots a_1 a_0$ と $b = b_{n-1}b_{n-2}\cdots b_1 b_0$ を下位の桁から順次加算することを考える．第 i 桁目の加算では，**7.2** で述べたように，a_i と b_i と $i-1$ 桁目からの桁上げ c_i を加算し，加算結果 $s_i (= a_i \oplus b_i \oplus c_i$, $\oplus$ は排他的論理和演算) と $i+1$ 桁目への桁上げ $c_{i+1} (= a_i b_i + b_i c_i + c_i a_i)$ を計算しなければならない．c_{i+1} は次の桁の計算が行われるまで記憶しておかなければならないから，この機能は表 9.1 のように表すことができる．また，図 9.1 に

表 9.1　i 桁目の加算

$a_i b_i$ \ q_i	$c_{i+1}(=q_{i+1})$		s_i	
	0	1	0	1
0 0	0	0	0	1
0 1	0	1	1	0
1 0	0	1	1	0
1 1	1	1	0	1

このような加算を行うための回路を示す．入力は x, y, 出力は z である．cp はクロックパルスである．$G_1 \sim G_7$ は半加算器を構成し，$G_8 \sim G_{11}$ は 3 入力多

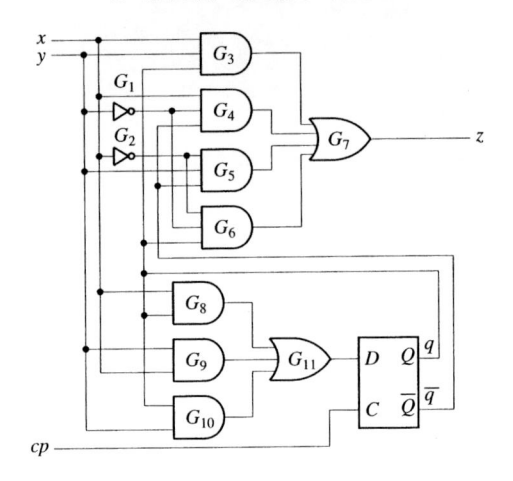

図 9.1 直列加算器

数決論理回路を構成している．多数決論理回路とは奇数個の入力のうち半数以上が1になったときのみ出力が1となるような回路のことである．Dフリップフロップの出力 q は初期状態において0であるとする． x および y として，それぞれ， a_i および b_i を下位の桁から順次クロックパルスに同期して与えると，ゲート G_{11} の出力には $c_{i+1}(=a_i b_i + b_i c_i + c_i a_i)$ が順次現れ， a_{i+1}, b_{i+1} が入力される時点までDフリップフロップに記憶される．また，ゲート G_7 の出力には下位の桁から順次 s_i が出力されることになる．この回路は2進数の加算器であるが，記憶素子を内蔵しているので順序回路である．このような加算器のことを**直列加算器** (serial adder) という．

次に，一般の順序回路を考える．入力を $x_1, x_2, \cdots, x_n$ ，出力を $y_1, y_2, \cdots, y_m$ とする．また， l 個のDフリップフロップを内蔵しており，その出力は $q_1, q_2, \cdots, q_l$ であるとする．このとき，この順序回路の構成は図9.2のように示すことができる[7]． M は l 個のDフリップフロップ群である．また， CN_1 および CN_2 は順序回路としての入力値とフリップフロップの出力値とから，それぞれ，順序回路の出力値 $y_1, y_2, \cdots, y_m$ およびフリップフロップの入力値 $d_1, d_2, \cdots, d_l$ を決定するための組合せ論理回路である．

M の各出力 $q_k (1 \leq k \leq l)$ および順序回路の各出力 $y_j (1 \leq j \leq m)$ は上図

9.1 順序回路の構造

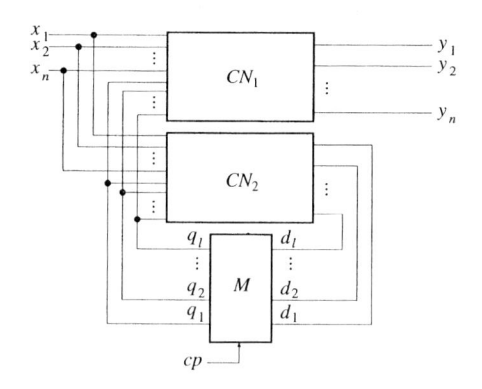

図 9.2 順序回路の一般構造

から次式のように表現できる．

$$q_k^{n+1} = f_k(x_1^n, x_2^n, \cdots, x_n^n, q_1^n, q_2^n, \cdots, q_l^n) \tag{9.1}$$

$$y_j^n = g_j(x_1^n, x_2^n, \cdots, x_n^n, q_1^n, q_2^n, \cdots, q_l^n) \tag{9.2}$$

ただし，f_k, g_j はいずれも x_1^n, x_2^n, $\cdots$, x_n^n, q_1^n, q_2^n, $\cdots$, q_l^n を変数とする $n+l$ 変数論理関数である．各記号の右肩に n および $n+1$ を付した諸量は，フリップフロップの場合と同様にそれぞれ現在の値および次にとるべき値を示す．f_k および g_j のことを，それぞれ，**状態遷移関数** (state transition function) および**出力関数** (output function) という．f_k は CN_2 と M とにより実現され，g_j は CN_1 により実現されている．以下，誤解の恐れのない限り，n, $n+1$ を省略する．

以上は一般の順序回路であるが，特殊な場合として，m 個の出力のすべてが x_1, x_2, $\cdots$, x_n のいずれにも依存せず，q_1, q_2, $\cdots$, q_l のみで決まるような回路が考えられる．このような回路のことを**ムーア** (moore) **形順序回路**という[4]．これに対して，出力のうち少なくとも1つが q_1, q_2, $\cdots$, q_l だけでなく x_1, x_2, $\cdots$, x_n にも依存するような回路のことを，**ミーリー** (mealy) **形順序回路**という[4]．

9.2 順序回路の機能表現

順序回路を組織的に理解したり設計したりするためには,順序回路の機能の正確な表現法を知ることが必要である.そこで本節では,設計法を述べる前に,この表現法を学ぶことにする.

順序回路の機能を表現するためには,まず,その回路の入力,出力および内蔵されるフリップフロップが既知でなければならない.そこで以下これらの入力,出力およびフリップフロップの出力を,それぞれ,入力変数の集合 I,出力変数の集合 Y および生起し得る出力 $q_i (1 \leq i \leq l)$ の組 $s(= (q_1, q_2, \cdots, q_l))$ の集合 S として以下のように定義する.

$$I = \{x_1, x_2, \cdots, x_n\} \tag{9.3}$$

$$Y = \{y_1, y_2, \cdots, y_m\} \tag{9.4}$$

$$S = \{(q_1, q_2, \cdots, q_l) \mid q_k \in \{0\ 1\}; (1 \leq k \leq l)\} \tag{9.5}$$

とくに, $s = (q_1, q_2, \cdots, q_l)$ はすべてのフリップフロップの出力値の組を表しており,以下,**内部状態** (internal state) と呼ぶことがある.

順序回路の機能を完全に表現するためにはさらに CN_2 と M との論理機能を表す状態遷移関数群 σ と, CN_1 の論理機能を表す出力関数群 δ が必要である.すなわち,式 (9.6) と式 (9.7) の集合を与えることが必要である.

$$\sigma = \{f_1, f_2, \cdots, f_l\} \tag{9.6}$$

$$\delta = \{g_1, g_2, \cdots, g_m\} \tag{9.7}$$

結局, I, Y, S, σ, δ の5組の集合を与えれば,順序回路の論理機能が決まることになる[1]).

上述した表現法を図 9.1 の順序回路に適用すると, $I = \{x, y\}$, $Y = \{z\}$, $S = \{q\}$, $\sigma = \{xy + xq + yq\}$, $\delta = \{x \oplus y \oplus q\}$ となる.

次に,順序回路の機能を表現する別の方法について述べる.基本的な考え方は上述した I の要素と S の要素のすべての組合せに対して,次にとるべき S の

9.2 順序回路の機能表現

要素とそのときの Y の要素とを表にすることである．図 9.1 の回路を例にとった場合，この機能は表 9.2 のように示される．各行は現在の内部状態，各列は

表 9.2 図 9.1 の回路の状態表
次の q ，出力 z

q \ xy	0 0	0 1	1 1	1 0
0	0,0	0,1	1,0	0,1
1	0,1	1,0	1,1	1,0

表 9.3 RS フリップフロップの状態表

Q \ RS	0 0	0 1	1 1	1 0
0	0,0	1,0	ϕ,ϕ	0,0
1	1,1	1,1	ϕ,ϕ	0,1

現在の入力値に対応している．また，現在の入力値と内部状態とで決まる各枡目には，左側に次にとるべき内部状態，右側に現在の出力値が記入される．例えば，現在の入力値と内部状態との組 (x,y,q) が $(0,1,0)$ のとき，次にとるべき q の値は 0，z の値は 1 であり，$(1,0,1)$ のとき，次にとるべき q_1 の値は 1，z の値は 0 であることを示している．現在の入力と内部状態のすべての組合せに対する次の内部状態は，状態遷移関数と等価であり，同組合せに対する出力値は出力関数に等価である．表 9.2 のような表のことを**状態表** (state table) という．

[問 9-1] 図 8.7 で示した RS フリップフロップの機能を状態表で示せ．
略解：表 9.3．

広く利用されている他の表現法として，**状態図** (state diagram)(**状態遷移図** (state transition diagram) ともいう) がある．これは状態表の各内部状態を**頂点** (node)，その内部状態から次にとるべき内部状態への遷移を対応する頂点間に引いた**有向枝** (edge) で表現したものである．有向枝とは矢印付きの線のことである．各頂点には対応する内部状態が付記され，各有向枝にはその遷移を引き起こす入力値/それによって生じる出力値が付記される．図 9.1 の回路の状態図を図 9.3 に示す．各頂点の下の 0, 1 は内部状態であり，/の上の $x \oplus y = 1$，$xy = 1$ などはそのような遷移を引き起こす入力の生起条件，/の下の 0, 1 などはそのときに生起する出力値である．

[問 9-2] RS フリップフロップの状態図を描け．

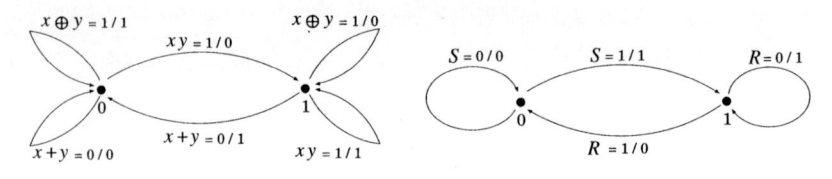

図 9.3　図 9.1 の加算器の状態図　　　図 9.4　RS フリップフロップの状態図

略解：図 9.4．

9.3　順序回路としてのフリップフロップ

　8 章で述べたフリップフロップは順序回路の構成要素として広く利用されるが，フリップフロップ単体でも 1 つの順序回路である．そこで本節では，フリップフロップの順序回路としての性質について述べる[2]．
　RS フリップフロップを 2 入力かつ 1 ビットの記憶素子をもつ順序回路とみなしたとき，その状態遷移関数は表 9.3 から図 9.5 のように示される．ただし，

図 9.5　RS フリップフロップの状態遷移

時刻を表す n, $n+1$ は省略されている (以下，同様に省略)．また，この状態表から状態遷移関数は次のように記述される．

$$Q^{n+1} = S^n + R^n Q^n \tag{9.8}$$

これは 8 章の演習問題 [1] の答でもある．フリップフロップの状態遷移関数はとくに**特性方程式** (characteristic equation) ということもある．
　次に，JK フリップフロップの状態表および状態図は，図 8.10(b) からそれぞ

9.3 順序回路としてのフリップフロップ

表 9.4 JK フリップフロップの状態表

Q \ JK	00	01	11	10
0	0,0	0,0	1,1	1,1
1	1,1	0,0	0,0	1,1

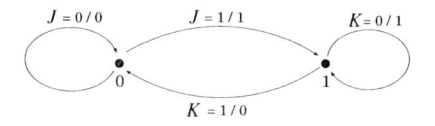

図 9.6 JK フリップフロップの状態図

れ表 9.4 および図 9.6 で与えられる．また，特性方程式はこの表から次のように与えられる (J, K, Q に関するカルノ図から求められる)．

$$Q = J\,\overline{Q} + \overline{K}\,Q \tag{9.9}$$

[問 9-3] 図 8.8 に示した D フリップフロップの状態表，状態図，特性方程式を求めよ．
略解：特性方程式は $Q = D$．

さて，これまで述べてきた論理機能の説明では，フリップフロップの入力の1つであるクロックパルスをことわりなく無視してきた．ここでは，後々のためにこの理由を説明しておく．フリップフロップからみるとクロックパルスを印加すべき端子は1つの入力端子である．しかし，同期式順序回路に限定した場合，この端子には必ずクロックパルスが与えられ，フリップフロップの出力の変化すべき時刻を規定する目的に利用されている．すなわち，クロックパルスはフリップフロップの出力値を決定する際の時刻を支配するだけで，出力値そのものの決定には何ら寄与していない．このことから，同期式順序回路に用いるときのフリップフロップの論理機能では，クロックパルスが省略される．

本節の最後に，順序回路の設計に便利なフリップフロップの**制御条件表** (control condition table) について述べておく．順序回路の設計段階では，次節に

述べるように，フリップフロップの値をある値からある値へ変化させるために，どのような入力を与えればよいかという問題に直面する．フリップフロップの制御条件表はこの問題を解くための表であって，例えば，RS フリップフロップの場合，表 9.5 のように与えられる．Q^n, Q^{n+1} はフリップフロップの出力が Q^n から Q^{n+1} に変化することを示している．また，R, S の値は Q の値を対応する行のように変化させるために必要な R, S の値を示している．例えば，$(Q^n, Q^{n+1}) = (0, 0)$ は Q の値が 0 のまま変化しないことを示しており，$(R, S) = (-, 0)$ は $S = 0$ にしさえすれば，R の 0, 1 に関係なく $(Q^n, Q^{n+1}) = (0, 0)$ となることを示している．

[問 9-4]　式 (9.8) の特性方程式から表 9.5 を求めよ．

表 9.5　RS フリップフロップの制御条件表

Q^n	Q^{n+1}	R^n	S^n
0	0	-	0
0	1	0	1
1	1	0	-
1	0	1	0

D フリップフロップおよび JK フリップフロップの制御条件表は，それぞれ，表 9.6 および 9.7 で与えられる．

表 9.6　D フリップフロップの制御条件表

Q^n	Q^{n+1}	D^n
0	0	0
0	1	1
1	1	1
1	0	0

表 9.7　JK フリップフロップの制御条件表

Q^n	Q^{n+1}	J^n	K^n
0	0	0	-
0	1	1	-
1	1	-	0
1	0	-	1

[問 9-5]　表 9.6 および表 9.7 を特性方程式から導出せよ．

9.4 同期式順序回路の設計法

同期式順序回路では，内蔵されるフリップフロップの内容がクロックパルスに同期して更新されるが，**8.2**で述べた理由から，この更新の期間中すなわちクロックパルスが正となっている期間中に，順序回路の入力や CN_1, CN_2 の出力が変化してはならない．このために，CN_1, CN_2 には，それらの伝搬遅延時間がクロックパルスの周期より短くなければならないという制約が設けられる．以下本節では，理解を容易にするために，これらの制約が満たされるものとして順序回路の設計を考える．

順序回路を設計するためには，それが満たすべき条件の記述，すなわち**仕様** (specification) が必要である．ここでは，仕様を状態表として与えるものとする．状態表を与えることは入力集合 I, 出力集合 Y, 状態集合 S, 状態遷移関数 σ および出力関数集合 δ を与えることと等価であり，設計すべき順序回路の論理的な機能を示したことになる．状態表から回路を設計しようとする場合，状態数が少ないほどそれを実現するための所要フリップフロップ数が少なくて済むことは明らかであり，この最小化法も種々知られている．しかし，本書の目的は論理設計法を深く追求することではないので，ここでは便宜上 S の要素数が与えられているものとする．

上述した前提条件のもとでの順序回路の設計は，通常，次のような手続きで行われる．

(i) S から所要フリップフロップ数 α を決定し，2^α 個の状態に対して**状態割当て** (state assignment)[4] を行う．

設計前の段階では通常 S の要素は a, b, c などの記号により与えられる．S の要素数を $|S|$ とするとき，α の値は $2^{\alpha^*} \geq |S|$ を満たす α^* の最小整数として決定される．状態割当てとは，α ビットのフリップフロップにより表現可能な 2^α 個の状態と $|S|$ 個の状態との対応関係を明らかにすることである．例えば，$\alpha = 2$ (q_1, q_2 の 2 ビット), $|S| = a, b, c$ なら，$(0,0)$, $(0,1)$, $(1,0)$, $(1,1)$ のいずれに a, b, c を割り当てるかを決めることである．このときの割当て方は 24 通りある．一般に，これをどのように割り

当てるかにより順序回路を実現したときの回路量が変わってくるが，ここではこの問題もこれ以上追求せず，状態割当ては完了しているものとする．
(ii) α 個のフリップフロップの種類を決定する．

　この手続きは，RS フリップフロップ，D フリップフロップ，JK フリップフロップ，T フリップフロップの中から使用するフリップフロップを決定するためのものである．
(iii) (i) の状態割当てに基づいて状態表を作り直す．

　この手続きでは，仕様として与えられた状態表の状態数を $|S|$ からフリップフロップの出力値の組で表現した形に変更する．そして，(i) の状態割当てに従って各行を並べ換えるとともに，未使用の状態については *don't care* の扱いとする．例えば，仕様として与えられた状態表が表 9.8(a)(各桝目の 0, 1 は出力を示す) であり，手続き (i) で決定した状態割当てが a, b および c に対応してそれぞれ (0,0), (0,1) および (1,0) であるとするとき，手続き (iii) を施した後の新しい状態表は同表 (b) のようになる．

表 9.8　手続き C による状態表の再構成

(a) 手続き前

状態＼入力 x	0	1
a	a,0	b,0
b	b,0	c,1
c	c,0	a,1

(b) 手続き後

$q_1 q_2$ ＼ x	0	1
0 0	0 0,0	0 1,0
0 1	0 1,0	1 0,1
1 1	$\phi\phi,\phi$	$\phi\phi,\phi$
1 0	1 0,0	0 0,1

(iv) (iii) の状態表と (ii) で決定したフリップフロップの制御条件表から，フリップフロップの入力に加えるべき論理値を，順序回路の入力と内部状態との関数として導出する．このような関数のことを**励起関数** (excitation function) という．また，同状態表から出力関数を求める．
(v) 利用可能なゲートの種類を決定する．
(vi) (iv) の結果から (ii)，(v) で指定されたフリップフロップとゲートを用いて順序回路を構成する．

　(iv) および (vi) の手続きについては，後章で利用するので，例を用いてやや詳しく述べる．

9.4 同期式順序回路の設計法

同期式順序回路の極めて単純な例として，クロックパルスを 0, 1, 2, 0, 1, 2, ⋯ と数える 3 進カウンターを考える．計数値が 0 になったときにのみ出力 y が 0 になるものとする．表 9.9(a) はこのようなカウンタの状態表の例である．この表では (q_1,q_2) の $(0,0)$, $(0,1)$ および $(1,0)$ に対して，それぞれ，0, 1 お

表 9.9　3 進カウンタの設計

(a) 状態表

$q_1 q_2$	次の状態，出力
0 0	0 1 , 1
0 1	1 0 , 0
1 1	ϕ ϕ , ϕ
1 0	0 0 , 0

(b) D フリップフロップの制御条件表

$q^n q^{n+1}$	D^n
0 0	0
0 1	1
1 1	1
1 0	0

(c) D_1 の励起関数表

$q_2 \backslash q_1$	0	1
0	0	1
1	0	ϕ

(d) D_2 の励起関数表

$q_2 \backslash q_1$	0	1
0	1	0
1	0	ϕ

(e) y の励起関数表

$q_2 \backslash q_1$	0	1
0	1	0
1	0	ϕ

び 2 が割り当てられており，$(q_1,q_2) = (1,1)$ に対しては割り当てられていない．そこで，$(q_1,q_2) = (1,1)$ の行は *don't care* としている．いま，D フリップフロップと NAND ゲートのみを用いてこの回路を実現してみる．D フリップフロップの制御条件表は同表 (b) の通りである．同表 (a) から，$(q_1,q_2) = (0,0)$ のとき，次に q_1 は 0 とならねばならないが，このために加えるべき D_1 の値は同表 (b)($(q^n, q^{n+1})=(0,0)$ の欄) から 0 である．また，$(q_1,q_2) = (0,1)$ のとき，次に q_1 は 1 とならねばならないから，同表 (b) から $D_1=1$ である．同様のことをすべての (q_1,q_2) の組に対して行い，表にすると同表 (c) が得られる．このような表のことを **励起関数表** (excitation function table) という．同様にして D_2 および出力 y に対して，それぞれ，同表 (d) および (e) が得られる．これから，q_1 の入力，q_2 の入力および y はそれぞれ $D_1 = q_2$，$D_2 = \overline{q_1}\,\overline{q_2}$ および $y = \overline{q_1}\,\overline{q_2}$ となり，D フリップフロップと NAND ゲートにより回路に変換すると図 9.7 のようになる．このカウンタは入力をもたないから，状態遷移の分岐は存在せず，常にクロックパルスに同期して，(0,0),(0,1),(1,0) をくり返す．

[問 9-6]　図 9.7 の回路の状態図を描け．

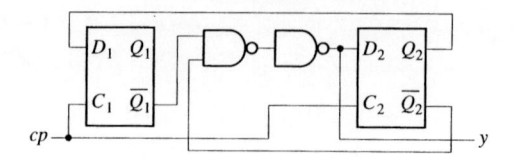

図 9.7 3進カウンタの設計結果

次に，もう1つの例として表 9.10 の状態表で与えられる同期式順序回路を設計してみる．状態は a, b, c, d の4つであるから，2ビットのフリップフ

表 9.10 状態表の例

次の状態，出力 (z_1, z_2, z_3, z_4)

状態 \ xy	0 0	0 1	1 1	1 0
a	a, 1000	a, 1000	b, 1000	b, 1000
b	c, 0100	c, 0100	c, 0100	c, 0100
c	d, 0010	d, 0010	d, 0010	d, 0010
d	c, 0001	a, 0001	a, 0001	c, 0001

ロップ q_1, q_2 を利用する．また，a, b, c および d に対して，それぞれ，(0,0)，(0,1)，(1,0) および (1,1) を割り当てる．このとき状態表は手続き **(iii)** によって表 9.11(a) のように再構成される．これを JK フリップフロップ，インバータ，

表 9.11　表 9.10 の状態表で与えられる同期式順序回路の設計

(a) 再構成した状態表

$q_1 q_2, z_1 z_2 z_3 z_4$

$q_1 q_2$ \ xy	0 0	0 1	1 1	1 0
0 0	00, 1000	00, 1000	01, 1000	01, 1000
0 1	10, 0100	10, 0100	10, 0100	10, 0100
1 1	10, 0010	00, 0010	00, 0010	10, 0010
1 0	11, 0001	11, 0001	11, 0001	11, 0001

(b) Dフリップフロップの制御条件表

Q^n	Q^{n+1}	J^n	K^n
0	0	0	-
0	1	1	-
1	1	-	0
1	0	-	1

(c) q_1 の励起関数表

(d) q_2 の励起関数表

ANDゲート，ORゲートを用いて実現するものとする．表 9.11(b) には JK フ

9.4 同期式順序回路の設計法

リップフロップの制御条件表が示されている．同表 (a) と (b) から，q_1, q_2 の励起関数表 (カルノ図として表現) は同表 (c), (d) のように記述される．カルノ図上では，ϕ と $-$ は同様に取り扱ってよいので，q_1, q_2 の励起関数は，$J_1 = q_2$, $K_1 = yq_2$, $J_2 = x + q_1$, $K_2 = 1$ となる．

[問 9-7] 表 9.11 の (c), (d) を導け．また，このときの z_1, z_2, z_3, z_4 をカルノ図から求めよ．

略解：$z_1 = \overline{q_1}\,\overline{q_2}$, $z_2 = \overline{q_1}\,q_2$, $z_3 = q_1\,\overline{q_2}$, $z_4 = q_1\,q_2$.

以上から，表 9.11(a) に対する設計結果は，図 9.8 の通りである．この回路はムーア形順序回路である．

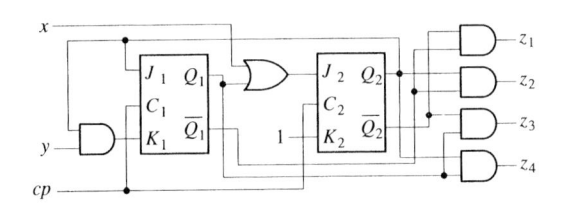

図 9.8 表 9.11(a) の設計結果

[問 9-8] 図 9.8 の回路の状態図を描け．

文　　献

1) 藤沢俊男, 嵩 忠雄：電子通信用数学 II—離散構造論, pp.220-227, コロナ社 (1977).
2) 翁長健治, 他：情報システムの基礎, pp.163-170, 朝倉書店 (1994).
3) J.A.Brzozoski and M.Yoeli："Digital Networks", pp.194-234, Prentice-Hall(1976).
4) 当麻喜弘：スイッチング回路理論, pp.74-101, コロナ社 (1985).
5) 笹尾 勤：論理設計, pp.99-102, 近代科学社 (1995).
6) 高木直史：論理回路, pp.113-123, 昭晃堂 (1986).
7) 田丸啓吉：論理回路の基礎, pp.103-112, 工学図書 (1983).

8) M.M.Mano : "Computer Engineering Hardware Design", p.294, Prentice-Hall (1988).

演習問題

[1] 図 8.9 に示す論理機能表から，T フリップフロップの特性方程式，状態表，状態図および制御条件表を求めよ．

[2] D フリップフロップと NAND ゲートのみを用いて JK フリップフロップを構成せよ．

[3] 図 9.9 の回路の状態表を作成せよ．

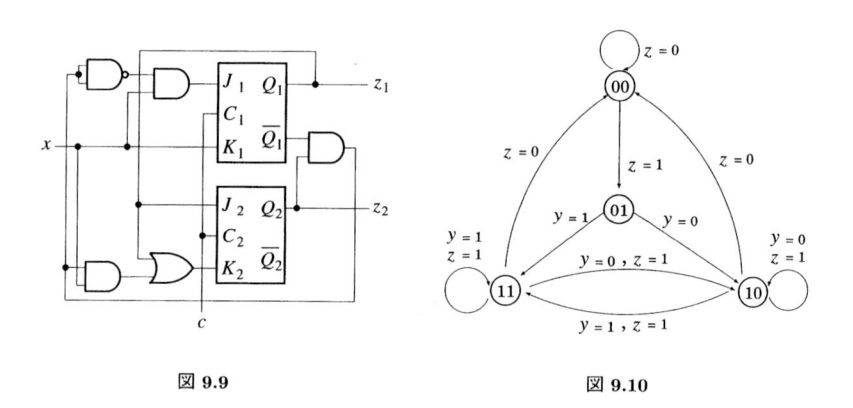

図 9.9

図 9.10

[4] 表 9.9(a) の回路を T フリップフロップと NOR ゲートにより設計せよ．

[5] 図 9.10[8] の状態図を満たす回路を D フリップフロップと NAND ゲートを用いて設計せよ．

10

単純な順序回路

9.4では，基本論理ゲートとフリップフロップを用いた基本的な順序回路の設計法について述べたが，複雑な順序回路は単純な順序回路を組み合わせて構成できる場合が多い．そこで本章では，まず，このような単純な順序回路として，**レジスタ** (register) や**カウンタ** (counter) について述べる．続いて，任意の順序回路を実現することのできる **FPGA**(field programmable gate arrays) についても簡単に説明する．

10.1 並列レジスタ

情報を格納することのできる回路のことを**レジスタ**という．1ビットのフリップフロップは0または1の情報を格納できるから，1ビットのレジスタとして利用することができる．**並列レジスタ** (parallel register) は，1ビットレジスタを複数個並列に配置し，同時に読み書きできるようにしたものである．

図10.1にRSフリップフロップにより構成した4ビットの並列レジスタを示す．x_1, x_2, x_3, x_4が入力，y_1, y_2, y_3, y_4が出力である．また，r および w はそれぞれ書き込みおよび読み出しのための制御信号であり，cpはクロックパルスである．$(r,w) = (0,0)$ のときは，すべてのフリップフロップが外部と遮断されており，(Q_1, Q_2, Q_3, Q_4) の値が不変のまま保持される．$(r,w) = (0,1)$ とすれば，(x_1, x_2, x_3, x_4) の値が (Q_1, Q_2, Q_3, Q_4) の値としてレジスタに書き込まれ，$(r,w) = (1,0)$ とすれば，(Q_1, Q_2, Q_3, Q_4) の値が (y_1, y_2, y_3, y_4) の値として読み出される．この際，レジスタの内容 (Q_1, Q_2, Q_3, Q_4) は消失しない．

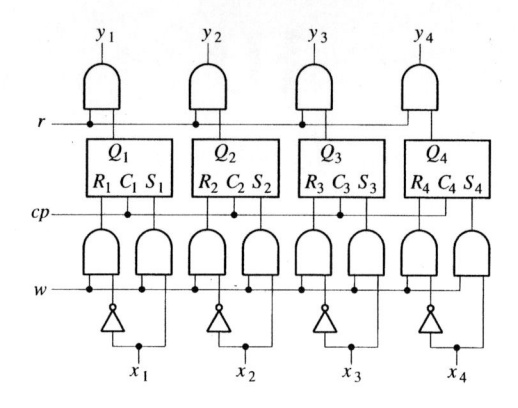

図 10.1 4ビット並列レジスタ

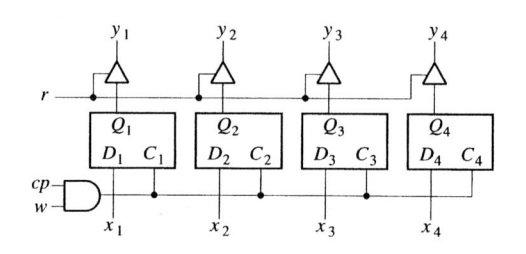

図 10.2 Dフリップフロップによる並列レジスタ

図 10.2 にDフリップフロップによる並列レジスタを示す．入力信号の記号は図 10.1 と同じである．cp は $w=1$ のときのみフリップフロップに与えられる．また，記憶内容 (Q_1, Q_2, Q_3, Q_4) は3ステートバッファを介して (y_1, y_2, y_3, y_4) の値として出力される．

[問 10-1] 図 10.2 において D フリップフロップを JK フリップフロップで置き換えるにはどのように回路を変更すればよいか．

並列レジスタはコンピュータにおける**算術演算** (arithmetic operation) や**論理演算** (logic operation) を行うためのデータの格納場所あるいは演算結果の格納場所として広く利用されている．

10.2 シフトレジスタ

シフトレジスタ (shift register) は図 10.3 のようにフリップフロップを縦続に接続することによって構成される．F_1, F_2, F_3, F_4 は，いずれも D フリッ

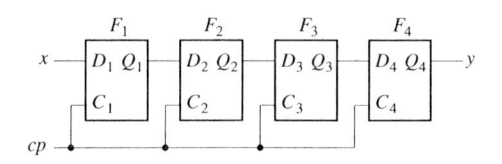

```
              F₁       F₂       F₃       F₄
         ┌────────┐┌────────┐┌────────┐┌────────┐
     x ──│ D₁  Q₁ ││ D₂  Q₂ ││ D₃  Q₃ ││ D₄  Q₄ │── y
         │  C₁    ││  C₂    ││  C₃    ││  C₄    │
         └────────┘└────────┘└────────┘└────────┘
     cp ─────┴────────┴────────┴────────┘
```

図 **10.3** D フリップフロップを利用したシフトレジスタ

プフロップである．クロックパルス cp^n によって，入力 x の値が F_1 に記憶されたとすると，この値は次のクロックパルス cp^{n+1} によって F_2 に記憶される．そして以後 cp^{n+2} および cp^{n+3} によって，それぞれ，F_3 および F_4 に転送され，y として出力される．このような動作を保証するためには，cp^n によって記憶された F_1 の出力が，cp^n によって F_2 まで到達しないことが必要である．そこでまずこのふるまいを説明する．

シフトレジスタに利用されるフリップフロップは，通常，マスタスレーブ形かエッジトリガ形である．エッジトリガ形の場合には，例えば，cp^n の $0 \to 1$ 変化により x の値が F_1 に取り込まれるが，この値が F_1 の出力に到達するより十分前に，cp^n の $0 \to 1$ 変化は完了してしまう．したがって，cp^n により F_2 に取り込まれるのは，cp^{n-1} により記憶されていた F_1 の値である．他方，マスタスレーブ形の場合，cp^n が 1 になると x の値が F_1 のマスタラッチに取り込まれるが，この値は cp^n が 0 に復帰した直後にスレーブラッチに転送され，F_1 の出力に現れる．したがってこの場合にも，1 つのクロックパルスによって 2 段以上のフリップフロップにわたってデータが転送されることはない．

以上から，この回路の入力にクロックパルスに同期してパルス列を加えたとき，出力には cp の 4 周期分だけ遅れてこのパルス列が現れる．このようなシフトレジスタのことを，最初に入力されたビットの値が最初に出力されている

という意味で，**FIFO**(first in first out) と呼ぶことがある．同様のシフトレジスタは他のフリップフロップを利用しても構成できる．図 10.4 に JK フリップフロップによるシフトレジスタを示す．

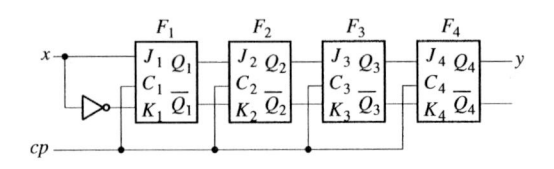

図 10.4　JK フリップフロップを利用したシフトレジスタ

[問 10-2]　T フリップフロップだけでシフトレジスタが構成できるか．
ヒント：$\overline{Q}$ を使え．

　上に述べたシフトレジスタは，いずれも図面上左から右に向かって数値またはデータを転送する．これに対して，F_4 から入力し，図面上右から左に向かって，F_4, F_3, F_2, F_1 の順に転送し，F_1 から出力を取り出すような構成も考えられる．このようにフリップフロップの配列に対して，シフトの方向を区別する必要のある場合には，図 10.3 や図 10.4 のようなシフトレジスタのことを右シフトレジスタ，これと逆向きに転送するレジスタのことを左シフトレジスタという．

　左右へのシフト機能を備えたシフトレジスタを図 10.5 に示す．左および右からの入力をそれぞれ x_L および x_R，左および右への出力をそれぞれ y_L および y_R で表している．また，左シフトか右シフトかを制御するための信号を u で表している．$u = 0$ のとき右シフト，$u = 1$ のとき左シフトすることは容易に理解できる．このようなシフトレジスタのことを**可逆シフトレジスタ** (reversible shift register) という．

　シフトレジスタは，直列データを並列データに変換したり，並列データを直列データに変換したりするための回路としてもしばしば利用される．前者の目的で利用される回路のことを**直並列変換器** (serial parallel converter)，後者の目的で利用される回路のことを**並直列変換器** (parallel serial converter) とい

10.2 シフトレジスタ

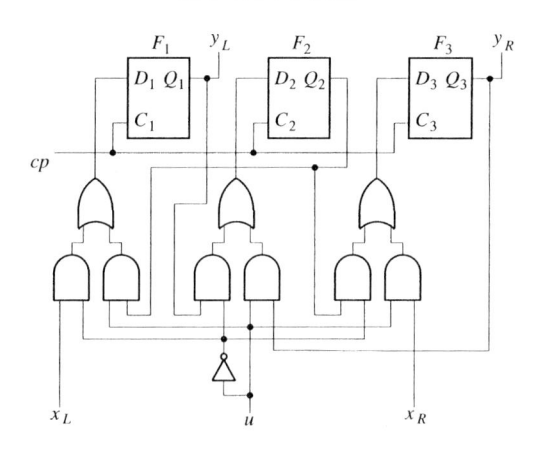

図 10.5 可逆シフトレジスタ

う．例えば，図 10.3 または図 10.4 の回路において，入力 x として cp に同期した直列データを加え，4 ビットのフリップフロップの出力 (Q_1, Q_2, Q_3, Q_4) を cp の 4 周期毎に観測すれば，4 ビットの並列データが得られる．すなわち，各フリップフロップの出力が抽出可能である限り，シフトレジスタは直並列変換器として利用できる．これに対して，並直列変換器は例えば図 10.6 のように構成される[1]．u は制御信号であって，連続する 4 つの cp の周期のうち最初の周

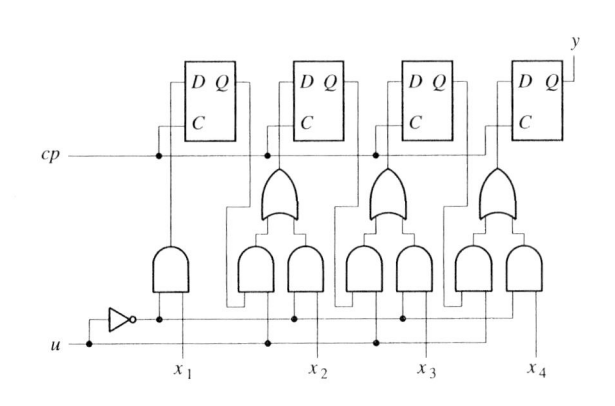

図 10.6 並直列変換器

期でのみ $u = 1$，他では $u = 0$ となるように作られているものとする．$u = 1$

のときには，外部から与えられた並列入力 (x_1, x_2, x_3, x_4) が4ビットのフリップフロップに並列に書き込まれる．そして，これに続く3周期では $u = 0$ となるので，この間に書き込まれた4ビットのデータが3ビット分だけ右シフトとされ，直列データ y として出力される．したがって，(x_1, x_2, x_3, x_4) として cp の4周期毎に新たな並列データを与えれば，出力にはこれらを接続した直列のデータが得られることになる．

10.3 リップルカウンタ

8.2.3 で述べた T フリップフロップの入力 T を1としたうえで，入力 C に非周期的に生起するパルス列を与えたとき，このフリップフロップの出力は，反転をくり返し，2つのパルスが到来する度にもとの状態に復帰する．すなわち，この T フリップフロップは，初期値を0に設定したとき，到来したパルスに対して2進1桁のカウンタとして動作し，最後に計数したパルスが奇数番目であったか，偶数番目であったかを記憶する．

上に述べた性質を用いて得られる16進カウンタを図10.7に示す．入力 x はパルス列である．各 T フリップフロップはエッジトリガ形でいずれも入力の $0 \to 1$ 変化に対して動作するものとする．初期状態において $(Q_3, Q_2, Q_1, Q_0) = (0,0,0,0)$ に設定する．その後 x が図のように変化するとき，初段のフリップフロップの出力は，上述したように x の $0 \to 1$ 変化毎に反転する．また，2段目のフリッ

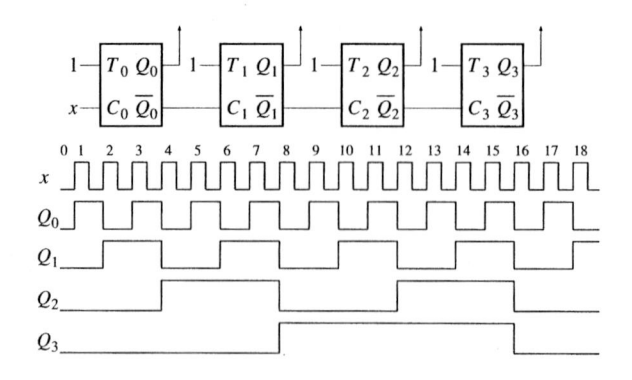

図 10.7　16 進リップルカウンタ

プフロップの入力には $\overline{Q_0}$ が接続されているので，その出力は同図の Q_0 の値が $1 \to 0$ 変化するたびに反転する．3段目，4段目も同様である．図から明らかなように，Q_0, Q_1, Q_2 および Q_3 はいずれも初期状態において 0 であるが，x が 2^1 回，2^2 回，2^3 回および 2^4 回変化したのちもとの状態に復帰している．このことから (Q_3, Q_2, Q_1, Q_0) の値は，4 ビットの 2 進数とみなしたとき，x の $0 \to 1$ 変化の回数に等しくなる．すなわち，この回路は入力変化を 16 進で計数する**純 2 進カウンタ** (binary counter) である．このように前段のフリップフロップの出力を次段のフリップフロップの入力として利用したカウンタのことを**リップルカウンタ** (ripple counter) という．図 10.7 と同様にして 2^n 進リップルカウンタを構成することができる．

[問 10-3] D フリップフロップを用いて，4 進リップルカウンタを構成せよ．
ヒント：D フリップフロップでは出力を入力に帰還することによって出力を反転させることができる．

次に，10 進カウンタを作ることを考える．10 進 1 桁の数字は既に学んだように，2 進化 10 進法で 4 ビットの数値として表現されるが，10 進カウンタの場合にも 0～9 までの数値を記憶できればよいので，フリップフロップは 4 ビットあればよい．また，10～15 までの数値を数える必要がないので，純 2 進数に従って (0,0,0,0) から (1,0,0,1) まで数えたのち，次のパルスで (0,0,0,0) に復帰するように設計すればよい．図 10.8 に JK フリップフロップを用いた 10 進リップルカウンタを示す．各フリップの J, K に 1 を与えているのは出力の反転機能を実現するためである．いずれのフリップフロップも C の $1 \to 0$ 変化に応答するエッジトリガ形である．初期状態は $(Q_3, Q_2, Q_1, Q_0)=(0,0,0,0)$ であり，9 番目のパルス (x) までは上に述べた 16 進カウンタの場合と全く同じ出力変化を示す．そして，10 番目のパルスが加えられたとき，(Q_3, Q_2, Q_1, Q_0) の値は一時的に (1,0,1,0) となって 10 の値を示すが，AND ゲートがこれを検出してその直後に Q_3 と Q_1 を強制的に 0 とするので，(0,0,0,0) に復帰する．

上に述べた 10 進カウンタは，0～9 の数値を (0,0,0,0)～(1,0,0,1) に対応させて得られたものであるが，数値の対応関係は考えず，10 個のパルスを数えたら

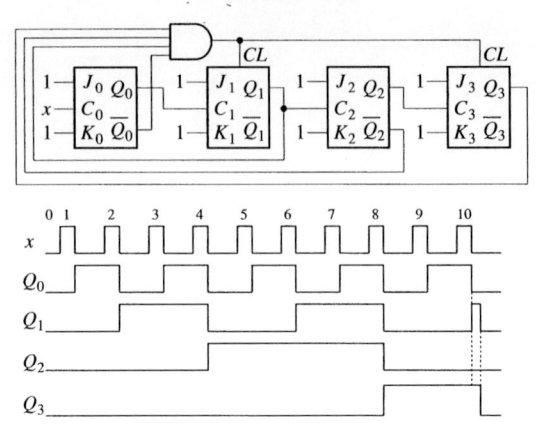

図 10.8　10 進リップルカウンタ

もとの状態に復帰するということだけが必要となるような利用目的に対しては，利用するフリップフロップやゲートが指定されたとしても，種々の回路構成が考えられる．

[問 10-4]　4 ビットのフリップフロップを用いて構成される 10 進カウンタは何通り構成できるか．ただし，例えば，0, 2, 1, 4, 3, 7, 6, 5, 8, 9 と数えるようなカウンタを一通りと数えるものとする．
略解：$_{16}C_{10} \times P_{10}$
[問 10-5]　図 10.9 の回路は一種の 10 進カウンタである．G_1, G_2 は 16 個の状態 (0,0,0,0) から (1,1,1,1) までの 16 通りの状態のうち，6 個をスキップするために用いられている．どのような状態をどの順序でスキップするかを説明せよ．
ヒント：タイムチャートを書け．

　リップルカウンタでは，これまで述べてきたように，入力 x の変化が順次後段のフリップフロップに伝達される形で動作する．したがって，入力パルスの発生が非周期的であるような場合でも利用することができる．また，この形式のカウンタは次に述べる並列カウンタに比して単純な構造となる．しかし反面，利用するうえでは次のような制約がある．実際の回路において，x の変化が最

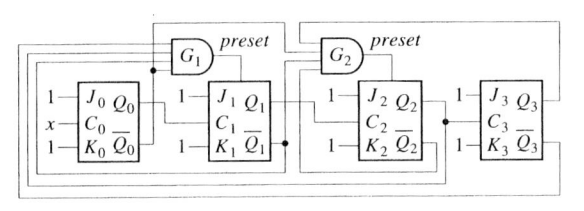

図 10.9 10 進カウンタ

終段のフリップフロップに伝わるにはその動作速度や段数に応じた有限の時間 (伝搬遅延時間) が必要である．このため，回路の段数の長い場合や入力変化の頻度が極端に大きい場合には，直前に到来した入力パルスに対する最終段の動作が安定する前に次のパルスが到来する恐れがあり，最悪の場合には誤動作してしまう．このことから，リップルカウンタは段数の少ない低速のカウンタに適している．

10.4 並列カウンタ

10.3 で述べたリップルカウンタは，クロックパルスをもたないので，同期式順序回路ではない．これに対してここで述べるカウンタは，すべてのフリップフロップがクロックパルスに同期して動作するカウンタである．このようなカウンタのことを**並列カウンタ** (parallel counter) という．この回路は同期式順序回路である．**9.4** で設計した図 9.7 の 3 進カウンタは並列カウンタである．

表 10.1 は 8 進の純 2 進カウンタの状態表である．これに必要なフリップフ

表 10.1 8 進カウンタの状態表

Q_2^n	Q_1^n	Q_0^n	Q_2^{n+1}	Q_1^{n+1}	Q_0^{n+1}
0	0	0	0	0	1
0	0	1	0	1	0
0	1	0	0	1	1
0	1	1	1	0	0
1	0	0	1	0	1
1	0	1	1	1	0
1	1	0	1	1	1
1	1	1	0	0	0

ロップは 3 個である．このカウンタを JK フリップフロップを用いて構成するものとすれば，励起関数は **9.4** の設計法に基づいて次のように与えられる (図

10.10 参照).まず,最下位のフリップフロップの出力 Q_0 は次の状態で常に反

	J_1	Q_2Q_1 00 01 11 10		K_1	Q_2Q_1 00 01 11 10
Q_0	0	— —		0	— —
	1	1 — —		1	— 1 1 —

	J_2	Q_2Q_1 00 01 11 10		K_2	Q_2Q_1 00 01 11 10
Q_0	0	— —		0	— —
	1	1 —		1	— — 1

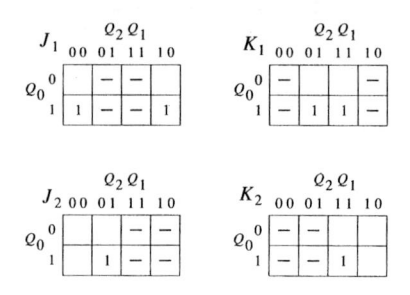

図 **10.10** 励起関数のカルノ図 (8 進カウンタ)

転するから,その励起関数は上表から直ちに求められ,$J_0 = K_0 = 1$ となる.また,2 桁目および 3 桁目のフリップフロップの励起関数は,図 10.10 から求められ,$J_1 = K_1 = Q_0$ および $J_2 = K_2 = Q_0Q_1$ となる.これを回路に変換すると図 10.11 が得られる.2^n 進カウンタの性質から,Q_i が変化するのは,

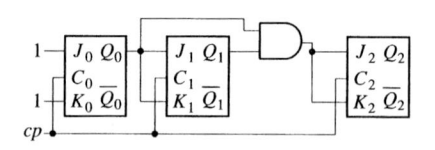

図 **10.11** 8 進並列カウンタ

$i-1$ 桁目以下の出力 $Q_{i-1}, Q_{i-2}, \cdots, Q_0$ がすべて 1 のときだけであるが,この回路がこの条件を満たしていることは容易に理解できる.このように考えると,n が大きくなる場合にも,あらためて設計するまでもなく,直ちに回路が構成できる.

[問 **10-6**] 4 進の並列カウンタを D フリップフロップにより設計せよ.

次に,図 10.8 と同様に 0〜9 まで計数する 10 進カウンタを設計してみる.状態表は表 10.2 の通りである.フリップフロップが 4 ビット必要であることはい

10.4 並列カウンタ

表 10.2 10進カウンタの状態表

Q_3^n	Q_2^n	Q_1^n	Q_0^n	Q_3^{n+1}	Q_2^{n+1}	Q_1^{n+1}	Q_0^{n+1}
0	0	0	0	0	0	0	1
0	0	0	1	0	0	1	0
0	0	1	0	0	0	1	1
0	0	1	1	0	1	0	0
0	1	0	0	0	1	0	1
0	1	0	1	0	1	1	0
0	1	1	0	0	1	1	1
0	1	1	1	1	0	0	0
1	0	0	0	1	0	0	1
1	0	0	1	0	0	0	0
1	0	1	0	ϕ	ϕ	ϕ	ϕ
1	0	1	1	ϕ	ϕ	ϕ	ϕ
1	1	0	0	ϕ	ϕ	ϕ	ϕ
1	1	0	1	ϕ	ϕ	ϕ	ϕ
1	1	1	0	ϕ	ϕ	ϕ	ϕ
1	1	1	1	ϕ	ϕ	ϕ	ϕ

うまでもない．初段のフリップフロップの励起関数は，上の8進カウンタの場合と同様に $J_0 = K_0 = 1$ でよい．また，残りのフリップフロップの励起関数は図 10.12(表 9.7 と表 10.2 から導出される) から次のように示される．カルノ図上の ϕ と $-$ はこれに記入する時点での意味が異なるが，簡単化の段階では，いずれも組合せ禁止としてよい．

$$J_1 = K_1 = \overline{Q_3}Q_0$$
$$J_2 = K_2 = Q_1 Q_0$$
$$J_3 = Q_2 Q_1 Q_0, \quad K_3 = Q_0$$

この結果からカウンタは図 10.13 のように構成される．

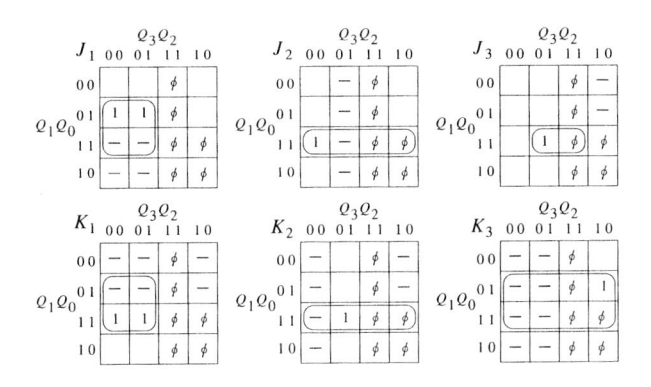

図 10.12 励起関数のカルノ図 (10進カウンタ)

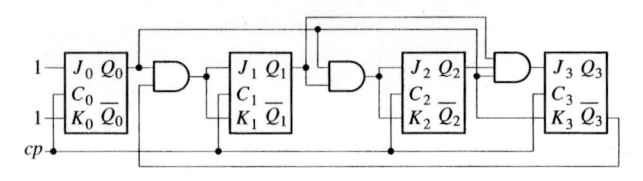

図 10.13　10 進並列カウンタ

[問 10-7]　JK フリップフロップにより 6 進並列カウンタ ((000) から (101) までカウント) を設計せよ．

　並列カウンタの最後に，もう少し複雑なカウンタを設計してみる．2 ビットの制御信号 u, d があり，$(u,d) = (1,0)$ のときには 0, 1, 2, 3, 0, 1, $\cdots$ とカウントアップし，$(u,d) = (0,1)$ のとき 3, 2, 1, 0, 3, 2, $\cdots$ とカウントダウンする．また，$(u,d) = (0,0)$ のときはカウントを休止する．このように順逆双方向に計数できるカウンタのことを**可逆カウンタ** (up down counter) という．アップとダウンのいずれについても 0~3 までの計数であるから，フリップフロップは 2 ビットあればよい．JK フリップフロップと NAND ゲートだけによりこのカウンタを設計すれば，図 10.14 および図 10.15 のようになる．設

(a) 状態表

(b) JK フリップフロップの制御条件表

(c) 励起関数のカルノ図

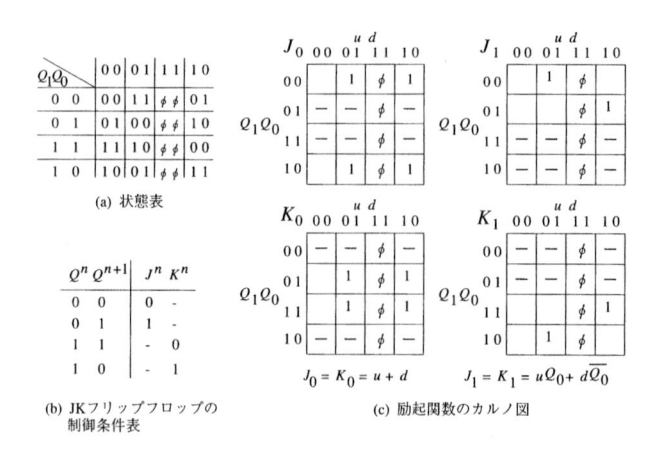

$J_0 = K_0 = u + d$
$J_1 = K_1 = uQ_0 + d\overline{Q_0}$

図 10.14　可逆カウンタの設計

計手順は 9.4 と同じであるから読者で試していただきたい．

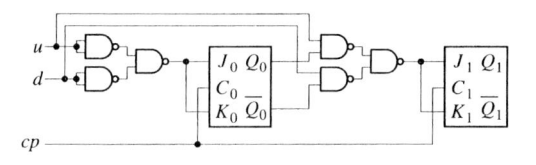

図 **10.15** 4進可逆カウンタの構成

10.5 シフトレジスタのカウンタへの応用

10.5.1 リングカウンタ

10.3で述べたシフトレジスタの入力と出力とを接続したとする．各フリップフロップを0または1に初期設定したのち，クロックパルスを加えると，環状に接続されたすべてのフリップフロップの内容はこれに同期して1ビットずつ永久に回転し続けることになる．このようなシフトレジスタのことを**エンドアラウンドシフトレジスタ** (end around shift register) という．この一例を図10.16に示す．$Q_0, Q_1, \cdots, Q_{n-1}$ の内容は，n 個のクロックパルス毎に一回転しもとの状態に復帰する．

このようなエンドアラウンドレジスタにおいて，ある1つのフリップフロップの内容だけを1，他を0に初期設定して起動させるものとする．この1は n 個のクロックパルスを加える度に初期設定したフリップフロップに回ってくるので，n 進カウンタとして動作する．このような初期設定のもとで動作するエンドアラウンドシフトレジスタのことをとくに**リングカウンタ** (ring counter) という．例えば，3ビットのリングカウンタの状態表は表10.3のように示される．

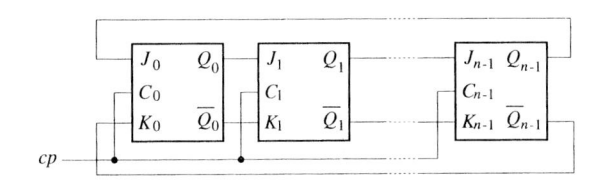

図 **10.16** エンドアラウンドシフトレジスタ

表 10.3　3ビットリングカウンタの状態表

Q_2^n	Q_1^n	Q_0^n	Q_2^{n+1}	Q_1^{n+1}	Q_0^{n+1}
0	0	1	0	1	0
0	1	0	1	0	0
1	0	0	0	0	1

10.5.2　ジョンソンカウンタ

3ビットの右シフトレジスタの出力を反転して入力に帰還した回路を考える．このような回路の例を図10.17に示す．初期状態において $(Q_2, Q_1, Q_0)=(0,0,0)$

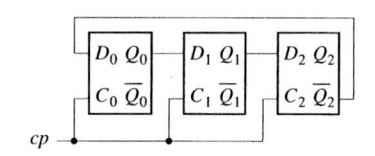

図 10.17　6進ジョンソンカウンタ

であったとすると，$(D_2, D_1, D_0)=(0,0,1)$ となる．したがって，次のクロックパルスが加えられたとき，$(Q_2, Q_1, Q_0)=(0,0,1)$ となる．以下，同様に追跡していくと，状態表は表10.4のように与えられる．各フリップの記憶内容は，6

表 10.4　6進ジョンソンカウンタの状態表

Q_2^n	Q_1^n	Q_0^n	Q_2^{n+1}	Q_1^{n+1}	Q_0^{n+1}
0	0	0	0	0	1
0	0	1	0	1	1
0	1	1	1	1	1
1	1	1	1	1	0
1	1	0	1	0	0
1	0	0	0	0	0

個のクロックパルスでもとの状態に復帰する．

上図の回路のように，シフトレジスタの出力を反転する形で入力に帰還するような形式の回路のことをジョンソンカウンタ (Jhonson counter または twisted ring counter) という[2)]．図10.17の構成で，フリップフロップの数を n とした場合には，$2n$ 進カウンタが得られる．また，この構成に多少の工夫を加えれば，$2n-1$ 進カウンタを構成することもできる．

[問 10-8]　図10.18の回路の状態遷移表を作成せよ．

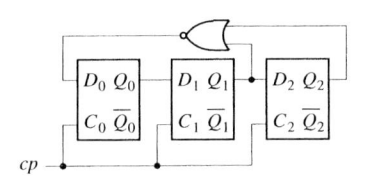

図 10.18 変形したジョンソンカウンタ

10.5.3 疑似ランダムパターン発生器[3)]

3ビットの純2進数は，3ビットの純2進カウンタにより0から7まで昇順に発生することができる．3ビットの疑似ランダムパターン発生器は，0以外の1から7までの数値をあたかもランダムな順序で発生することができる．

回路の例を図10.19に示す．2段目と3段目の出力がEXORゲートを介して入力に帰還されている．これによれば表10.5の状態表に示すような順序で$(Q_2, Q_1, Q_0)=(0,0,0)$以外の3ビットパターンが生成される．パターン生成順序は不規則であるが，このカウンタは一種の7進カウンタである．このような回路のことを**疑似ランダムパターン発生器** (pseudo random pattern generator) という．同様にして2^{n-1}進疑似ランダムパターン発生器が得られる．

この種の疑似ランダムパターン発生器は，しばしば，最大長系列発生器とも呼ばれ，VLSIの論理機能を検査 (論理機能の良し悪しを調べること) するとき

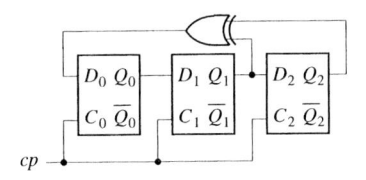

図 10.19 3ビット疑似ランダムパターン発生器

表 10.5 3ビット疑似ランダムパターン発生器の状態表

Q_2^n	Q_1^n	Q_0^n	Q_2^{n+1}	Q_1^{n+1}	Q_0^{n+1}
1	1	1	0	1	1
0	1	1	0	0	1
0	0	1	1	0	0
1	0	0	0	1	0
0	1	0	1	0	1
1	0	1	1	1	0
1	1	0	1	1	1

の入力のパターン発生器として広く利用されている．

10.6 FPGA

FPGA は外部からのプログラムによって機能を指定することのできる万能順序回路であり，例えば数千〜数十万個の基本論理ゲートと数千個のフリップフロップからなる VLSI として市販されている．図 10.20 に FPGA の構成例を示す[4]．**CLB**(configuration logic block) は小規模な順序回路を実現することので

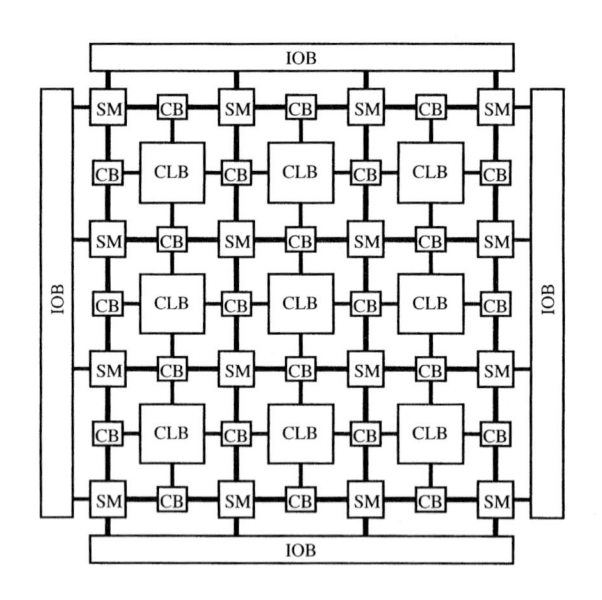

図 10.20 FPGA のブロック構造

きる回路であり，アレー状に配置されている．また，**IOB**(input output block) は CLB と VLSI 外部とを接続するためのインタフェースである．**SM**(switch matrix) および **CB**(connecting block) はいずれも配線を上下左右方向に切り替えるための回路であり，それぞれ，CB 相互間あるいは CB と IOB 間の接続および CLB と SM 間の接続を分担している．

CLB 内部の回路構造例を図 10.21 に示す[4]．これは 4 つの入力信号 x_0, x_1,

10.6 FPGA

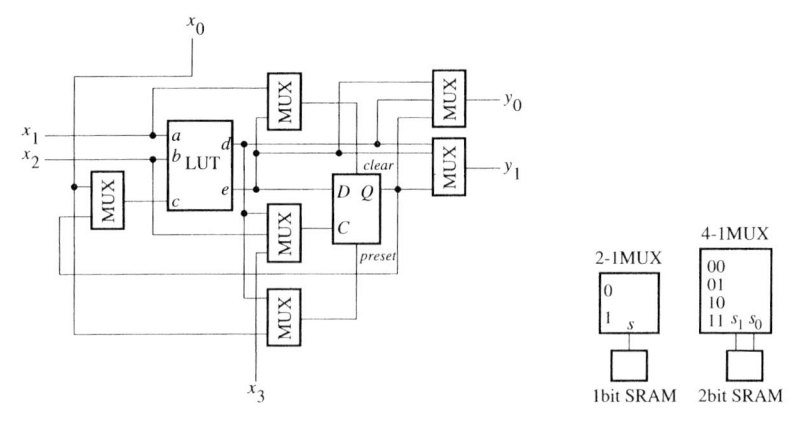

図 10.21 CLB

図 10.22 MUX

x_2, x_3, 1つの D フリップフロップ, 2つの出力信号 y_0, y_1 をもつ小規模な万能順序回路である. **LUT**(look-up table) は SRAM(**11.2** 参照) と呼ばれる 16 ビットのメモリである. 16 ビットの格納場所は, 8 ビットずつ 2 群に分けられており, それぞれ, a, b, c により指定される番地 (0～7) が付されている. 各番地の内容は出力信号 d, e として読み出される. したがって, 16 ビットの格納場所にあらかじめ 0 または 1 を書き込んでおけば, LUT は 2 組の任意の 3 変数組合せ論理回路ができる (この原理は **11.2** 参照). また, マルチプレクサ MUX の制御信号は, 図 10.22 に示すようにメモリ (SRAM) の内容をあらかじめ外部から設定することによって, 自由に固定することができる. SRAM への書込みについては, LUX, MUX いずれについても, プロセッサなどにより行われるが, このための回路は図示されていない.

以上のことを考慮すれば, 詳細は省略するが, CLB 内の SRAM を適宜設定することにより, 4 入力 2 出力の組合せ論理回路や 1 ビットの記憶素子をもつ 4 入力 2 出力の順序回路が全く自由に実現できることがわかる.

FPGA は, PLA の機能を拡張して得られた VLSI であって, 最近爆発的に需要が増加してきている.

文　献

1) J.A.Brzozoski and M.Yoeli："Digital Networks", pp.240-248, Prentice-Hall(1976).
2) N.N.Biswas："Logic Design Theory", pp.219-226, Prentice-Hall(1993).
3) F.C.Wang："Digital Circuit Testing", pp.152-157, Academic Press(1991).
4) M.D.Ercegovac, T.Lang and J.H.Moreno："Introduction to Digital Systems", pp.337-362, John Wiley & Sons(1999).
5) Z.Salcic and A.Smailagic："Digital Systems Design and Prototyping Using Field Programmable Logic", pp.8-119, Kluwer Academic(1997).

演 習 問 題

[1] 2つの4ビット並列レジスタ R_1, R_2 があり，互いに別のデータが記憶されている．1つのクロックパルスを加えることによって，両者のデータを交換 (R_1 の内容を R_2 に入れ，R_2 の内容を R_1 に入れる) するには，どのような回路とすればよいか．ただし，R_1, R_2 内のフリップフロップはエッジトリガ形とする．

[2] 図 10.23 はリップルカウンタである．どのような順序で計数するかを解析し，Q_3, Q_2, Q_1, Q_0 の波形を図示せよ．ただし，フリップフロップはすべてのクロックパルスの $1 \to 0$ 変化に応答するエッジトリガ形であるとする．

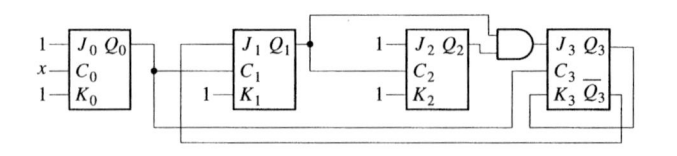

図 10.23

[3] $u = 1$ のとき，00, 01, 10, 00, $\cdots$，$d = 1$ のとき 00, 10, 01, 00, $\cdots$ と計数し，$u = d = 0$ のとき計数を中止するような3進並列カウンタを設計せよ．ただし，$ud \neq 1$ とする．また，利用できる回路は JK フリップフロップと NAND ゲートのみとする．

[4] 演習問題 [2] と同じ機能のカウンタを T フリップフロップと NOR ゲートのみで設計せよ．

[5] 図 10.24 は一種のリングカウンタである．$(Q_3, Q_2, Q_1, Q_0) = (0, 0, 0, 0)$ から $(1, 1, 1, 1)$ までのすべての状態を対象に状態図を描け．

演習問題   167

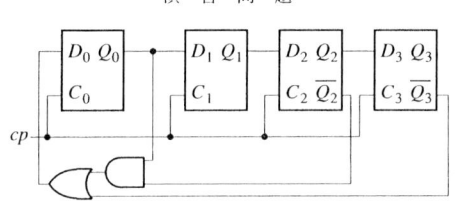

図 10.24

[6] 図 10.25 に 4 ビット最大長系列発生器の回路例を示す．$(Q_0, Q_1, Q_2, Q_3) = (0,0,0,1)$ から出発したとき，どのような順序で系列を発生するかを解析せよ．

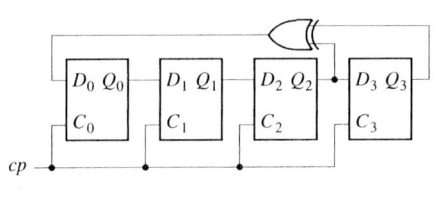

図 10.25

11
メモリ

8章で述べたラッチやフリップフロップは1ビットの情報を記憶することのできる回路である．これに対して，多量の情報を記憶することのできる装置として，よく知られた**半導体メモリ** (semiconductor memory)，**フロッピーディスク** (floppy disk)，**磁気ディスク** (magnetic disk)，**磁気テープ** (magnetic tape) などがあるが，ディジタル回路として実現されるのは半導体メモリだけである．以下，このような半導体メモリのことを単にメモリという．本章では，メモリに絞って，その種類，構造，動作などについて述べる．

11.1 メモリの分類

メモリに内蔵される1つの記憶素子のことを**メモリセル** (memory cell) といい，これをアレー状に配置したものを**メモリセルアレー** (memory cell array) という．各メモリセルには，ユニークなアドレス(番地ともいう)が割り当てられており，アドレスを指定することにより任意の位置のメモリセルに情報を書き込んだり，それから情報を読み出したりすることができる．

メモリには，通常の使用状態で任意のアドレスに対する情報の読出しと情報の書込みとの双方が可能なものと，通常の使用状態で読出しはできるが，特別な手段を用いない限り書込みはできないものとがある．前者のメモリを **RAM**(random access memory) といい，後者のメモリを **ROM**(read only memory) という．

メモリの種類は図 11.1 のように示すことができる．RAM はスタティック **RAM**(SRAM:static RAM) とダイナミック **RAM**(DRAM:dynamic RAM)

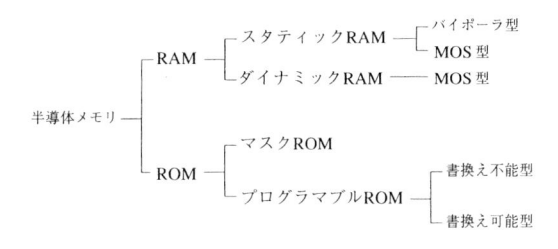

図 11.1 メモリの分類

に大別することができる．SRAM にはバイポーラトランジスタにより構成されるもの (バイポーラ型) と MOSFET により構成されるもの (MOS 型) とがあるが，DRAM は通常 MOSFET により実現される．これに対して，ROM は，ユーザ側での書込みが不可能な**マスク ROM**(mask ROM) と，ユーザ側で書込みが可能な**プログラマブル ROM**(PROM:programmable ROM) に分けることができる．また，このうちの PROM はさらに一旦書き込むと再書込みの不可能な**書換え不能型** (nonerasable PROM) と，特殊な装置により再書込み可能な**書換え可能型** (erasable PROM) とに分けられる．

11.2　スタティック RAM

各メモリセルは図 3.9，3.11，3.12 などの双安定マルチバイブレータを用いて構成される．バイポーラ型メモリセルおよび MOS 型メモリセルの構成例を，それぞれ，図 11.2(a) および (b) に示す．いずれについても，**ワード線** (word

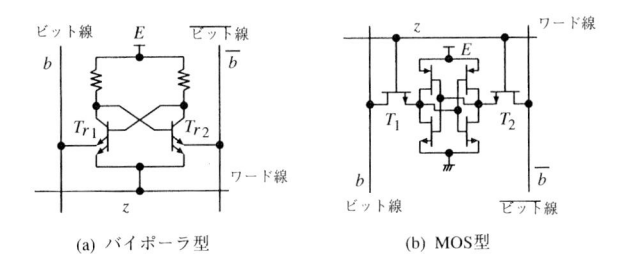

図 11.2　SRAM のメモリセル

line) 上の信号 z は，メモリセルに対する情報の書込みまたは読出しを行うときにのみ論理 1 となる $(z=1)$ 信号であり，ビット線上の信号 $b(\overline{\text{ビット}}\ \text{線上の信号}\ \overline{b})$ は，書込み時には書き込むべき入力値 (その否定) となり，読出し時には読み出される出力値 (その否定) となる信号である．

同図 (a) のバイポーラ型メモリセルは，マルチエミッタトランジスタ (**4.2.2** 参照) を交差接続して構成されている[1]．0 を書き込む場合，$z=1$ としたのち外部から強制的に $b=0$, $\overline{b}=1$ とする．このとき，T_{r1} および T_{r2} はそれぞれ導通状態および遮断状態となる．その後 $z=0$ とすると，ビット線に流れていた電流はワード線に流れるようになり，情報が記憶されることになる．これは，ワード線上の論理 0 の電圧がビット線上の論理 0 の電圧よりもわずかに低くなるように作られているからである．1 を書き込む場合には b, $\overline{b}$ の値が逆となるだけである．これに対して，読出しの場合には，ビット線および $\overline{\text{ビット}}$ 線上の信号を外部から強制せず，$z=1$ とする．メモリセルに 0(1) が記憶されている場合には，$T_{r1}(T_{r2})$ からビット線 ($\overline{\text{ビット}}$ 線) に電流が流れ ($\overline{\text{ビット}}$ 線 (ビット線) に電流が流れず)，$0[\text{V}](E[\text{V}])$ となるので，0(1) が読み出される．

同図 (b) の MOS 型メモリセルは，図 3.12 の双安定マルチバイブレータに情報の読み書きを制御するための MOSFET T_1, T_2 を付加して構成されている．0 および 1 を書き込む場合，それぞれ，$b=0$, $\overline{b}=1$ および $b=1$, $\overline{b}=0$ に固定した上で $z=1$ とすると，**3.3** で述べた原理に従って情報が書き込まれる．また，読出しの場合，b, $\overline{b}$ の値は外部から強制しない状態で $z=1$ とすると，T_1, T_2 ともに導通状態となり，双安定マルチバイブレータに記憶されている情報が b, $\overline{b}$ として読み出される．

256 ビットの MOS 型 SRAM の基本的な構造を図 11.3 に示す．$a_7\cdots a_0$ はアドレス信号である．d はこのメモリに対して書込みおよび読出しを行うときのデータ (1 ビット) の値を示す．この値は入力時には外部から強制され，読出し時にはアドレスにより指定されたメモリセルの記憶内容に等しくなる．$\overline{cs}$(chip select) はこのメモリに対して書込みまたは読出しを行うときのみ論理 0 に設定される入力信号である．この信号は 1 つのシステムの中で同一構造の SRAM が複数個用いられるときに，どの SRAM に書込みまたは読出しを行うのかを指定するために必要である．$r/\overline{w}$ は書込みか読出しかを指定するための入力信

11.2 スタティック RAM

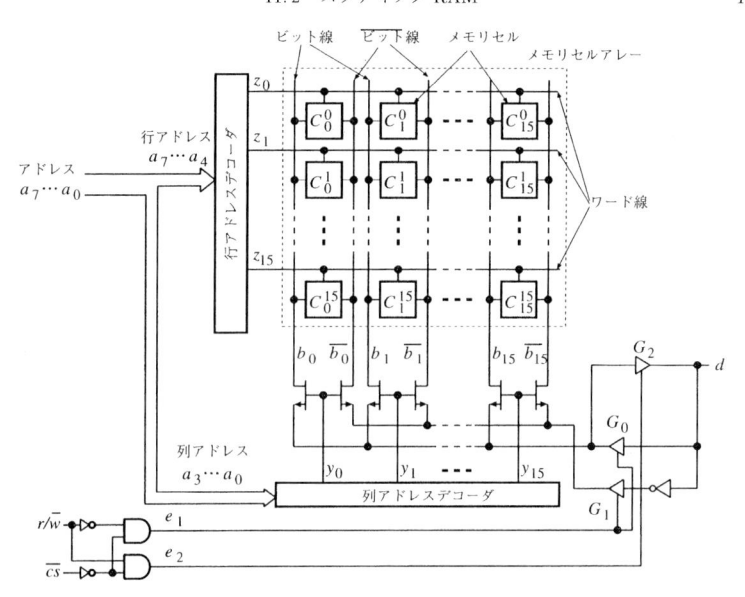

図 11.3 SRAM

号であり，読出しのとき 1，書込みのとき 0 となる．行アドレスデコーダ (row address decoder) および列アドレスデコーダ (column address decoder) はいずれもアドレスを復号するための回路であり，**6.2.2** で述べた 2 進デコーダと同じ構造をしている．また，C_j^i ($0 \leq i \leq 15, 0 \leq j \leq 15$) は i 行 j 列のメモリセルであり，破線で囲んだ 16×16 個のメモリセル群がメモリセルアレーを構成している．

アドレスが与えられると，このうちの行アドレス (row address) $a_7 \cdots a_4$ が行アドレスデコーダによって復号されて，いずれか 1 つの出力値 $z_k (0 \leq k \leq 15)$ のみが 1 となる．これによって k 行目のメモリセル (16 個) が指定されることになる．他方，列アドレス (column address) $a_3 \cdots a_0$ が列アドレスデコーダによってデコードされて，いずれか 1 つの出力値 $y_l (0 \leq l \leq 15)$ のみが 1 となる．このとき l 列目の MOSFET 対が導通状態となるので，l 列目のメモリセル (16 個) が指定される．結局，$a_7 \cdots a_0$ によって k 行 l 列のメモリセルが指定されたことになる．

書込みまたは読出しのことをまとめて**アクセス** (access) という. $a_7\cdots a_0$ により C_l^k が指定されているものとする. C_l^k にアクセスするためには, 既に述べたように $\overline{cs}$ を 0 にしなければならない. $\overline{cs}=0$, かつ, $r/\overline{w}=0$ とすると, 3 ステートバッファ G_0 および G_1 の出力が, それぞれ, d および $\overline{d}$ となるので, $b_l=d$, $\overline{b_l}=\overline{d}$ となり, 図 11.2 に示すメモリセルの動作原理に従って d の値が C_l^k に書き込まれる. また, $\overline{cs}=0$, $r/\overline{w}=1$ とすると, G_0, G_1 は遮断状態となり, G_2 の出力値のみが b_l の値に等しくなり, C_l^k に記憶されている値が d として出力 (読出し) される.

SRAM にアクセスするときの入出力信号の変化を, それぞれ, 図 11.4(a) および (b) に示す. 読出しの場合, まずアドレス $a_7\cdots a_0$ を印加 (時刻 t_1) した

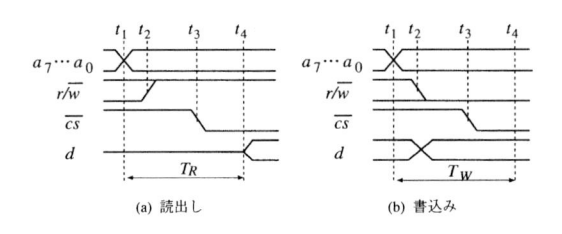

図 11.4 SRAM の入出力信号の変化

後, $r/\overline{w}$ を 1 にする (時刻 t_2). その後, $\overline{cs}$ を 0 にする (時刻 t_3) と, アドレス $a_7\cdots a_0$ で指定した番地のデータが出力される (時刻 t_4). d の値が t_4 以前において 0 と 1 の中間的な値となっているのは, この期間中メモリ外部のデータ線がフローティング状態になっていることを示す. また, 書込みの場合, 最初にアドレス $a_7\cdots a_0$ とデータ d を与え $r/\overline{w}$ を 0 にすれば d の値がこのアドレスのメモリセルに記憶される. とくに, T_R, T_W はメモリにアクセスするために必要な最小限の時間であって, **アクセスタイム** (access time) と呼ばれ, メモリの速度性能を表す評価指数として用いられている.

SRAM に記憶可能なビット数のことを記憶容量という. メモリの記憶容量およびアクセスタイムは, 時代とともに変動するが, 現時点では, それぞれ, 高々数 [Mbit] および 10〜20[nsec] 程度である. SRAM は DRAM に比して高速であるが集積度が低いため, 比較的少量の情報を高速にアクセスするような場合

11.3 ダイナミック RAM

DRAM のメモリセルは，容量に電荷を蓄積している状態および蓄積していない状態を，それぞれ，論理 1 および 0 に対応させることにより 1 ビットのデータを記憶するという原理に基づいて実現される．最も単純なメモリセルの構成例を図 11.5 に示す．一点鎖線で囲んだ部分がメモリセルである．C_C は 1 ビッ

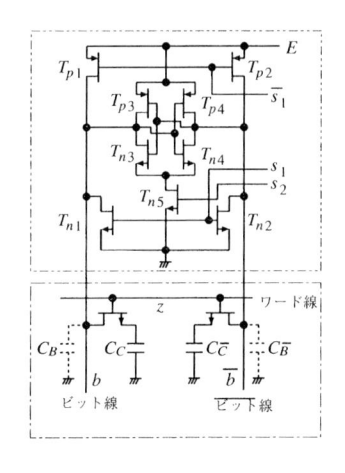

図 11.5　DRAM のメモリセル

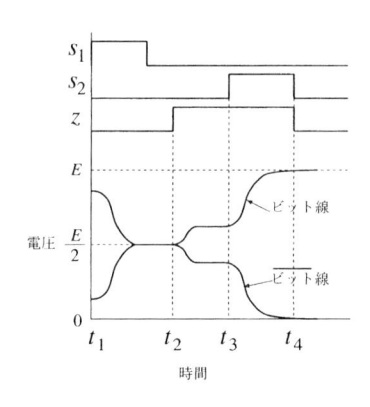

図 11.6　ビット線上の信号変化

トの情報を記憶するための容量であり，1 を記憶するときその両端の電圧が電源電圧 E[V] となるように充電し，0 を記憶するときそれが 0[V] になるように放電する．C_C が論理 1 および 0 を記憶するとき，$C_{\overline{C}}$ は C_C の否定を記憶する．C_B および $C_{\overline{B}}$ はそれぞれビット線および $\overline{\text{ビット}}$ 線に寄生する容量である．通常，$C_B(C_{\overline{B}})$ の値は $C_C(C_{\overline{C}})$ のそれよりかなり大きい．

二点鎖線で囲んだ部分がメモリセルへのアクセスを制御するための回路である．s_1, $\overline{s_1}$, s_2 はいずれもメモリセルへのアクセスを制御するための信号である．読出しも書込みも行っていない状態では，ワード線上の信号 z, s_1, s_2 がいずれも 0 であり，ビット線，$\overline{\text{ビット}}$ 線ともにフローティング状態となってい

る．いま，容量 C_C に $1(C_{\overline{C}}$ に 0$)$ が記憶されているものとする．読出しの場合，まず，$s_1 = 1(\overline{s_1} = 0)$ とすると，T_{p1}, T_{p2}, T_{n1}, T_{n2} が導通状態となり，C_B と $C_{\overline{B}}$ は $E/2(E$ は電源電圧$)$ に充電される (図 11.6 の時刻 $t_1 \sim t_2$)．このような操作のことをプリチャージ (precharge) という．次に，再び $s_1 = 0$ としたのち $z = 1$ とすると，$C_C(C_{\overline{B}})$ の電荷の一部が $C_B(C_{\overline{C}})$ に移動し，ビット線の電圧は $E/2$ よりわずかに上昇する (ビット線の電圧は $E/2$ よりわずかに下降する)(図 11.6 の時刻 $t_2 \sim t_3$)．その後，$s_2 = 1$ とすると，T_{n5} が導通状態となり，両者の差は T_{p3}, T_{p4}, T_{n3}, T_{n4} で構成される CMOS 差動増幅器により，$b = E[\mathrm{V}]$, $\overline{b} = 0[\mathrm{V}]$ となるように増幅される (図 11.6 の時刻 $t_3 \sim t_4$)．この差動増幅器は 2 つの入力の大小関係によって，0，1 いずれの状態に安定するかが決まる，一種のラッチとみなすことができる．この結果，b および $\overline{b}$ にはそれぞれ 1 および 0 が読み出されることになる．C_C に 0 が記憶されている場合には，b, $\overline{b}$ の値が逆になること以外同様である．また，書込みの場合，$s_1 = s_2 = 0$ のまま，$b = 0(1)$, $\overline{b} = 1(0)$ と固定した上で $z = 1$ とすれば，C_C および $C_{\overline{C}}$ にそれぞれ 0(1) および 1(0) が記憶される．

[問 11-1] 図 11.5 において，プリチャージを行ったのち $z = 1$ としたとき，ビット線上の電圧を求めよ．ただし，$z = 1$ となる直前の C_C の両端の電圧は E，導通時における MOSFET のドレイン-ソース間抵抗は無視するものとする．

略解：$\dfrac{2C_C + C_B}{2(C_C + C_B)}E$

[問 11-2] 図 11.5 のメモリセルにおいて，プリチャージを行わずに読出しを行った場合，どのような不具合が起こる可能性があるか述べよ．
略解：論理 1 が論理 0 に，論理 0 が論理 1 に誤って読み出される．

256 ビットの DRAM の基本的な構造を図 11.7 に示す．$A_3 \cdots A_0$ はアドレス信号であるが，LSI を構成するときの端子数を軽減するためにビット数が図 11.3 の SRAM の半分となっている．このために，8 ビットのアドレスを行アドレス $a_7 \cdots a_4$ と列アドレス $a_3 \cdots a_0$ とに分離して順次印加する形式をとって

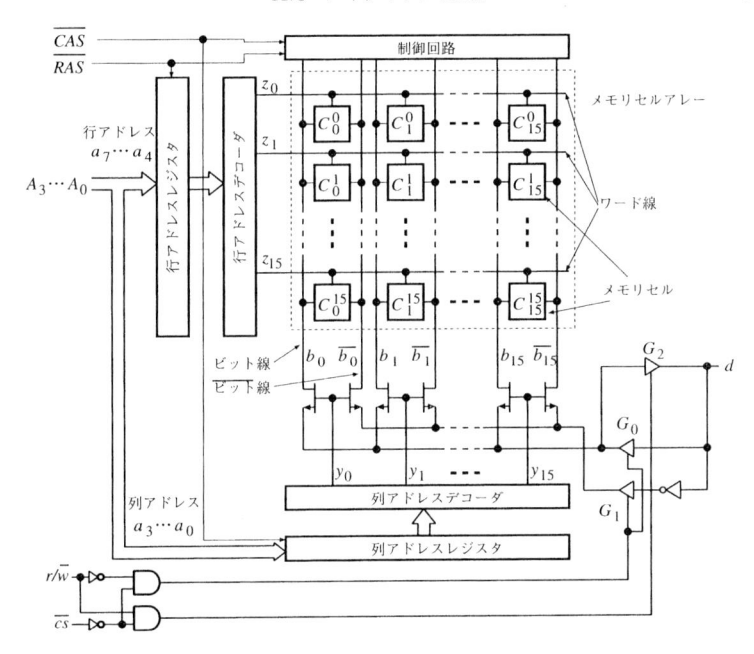

図 11.7 DRAM

いる．**行アドレスレジスタ** (row address register) および**列アドレスレジスタ** (column address register) は，それぞれ，行アドレスおよび列アドレスを内部で保持するための並列レジスタ (**10.1** 参照) である．$a_7\cdots a_4$ および $a_3\cdots a_0$ の値は，それぞれ，$\overline{RAS}$ および $\overline{CAS}$ の $1 \to 0$ 変化によって対応するレジスタにラッチされる．また，制御回路には，各列に対応して設けられた図 11.5 の二点鎖線部の回路や，$\overline{RAS}$，$\overline{CAS}$ に基づいて図 11.5 の信号 s_1，s_2 などを生成するための回路も内蔵されているが，これらは図から省略されている．これ以外の回路や信号の定義は SRAM と同じである．

DRAM の読出しおよび書込み時における入出力信号の変化を，それぞれ，図 11.8(a) および (b) に示す．読出しの場合，行アドレス $a_7\cdots a_4$ と列アドレス $a_3\cdots a_0$ とが順次印加されること，ビット線，$\overline{\text{ビット}}$ 線上の信号がプリチャージされたり増幅されたりすること以外，DRAM の動作は SRAM の場合とほぼ同じである．また，書込みの場合，行アドレスと列アドレスとが順次印加され

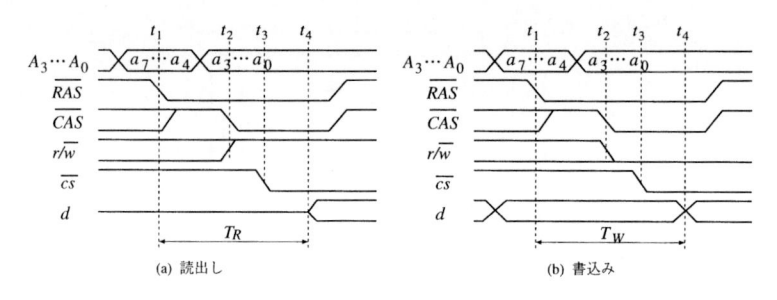

図 11.8 DRAM の入出力信号の変化

ること以外，SRAM の場合とほぼ同じである．

上述したように，DRAM ではビット線や $\overline{\text{ビット}}$ 線のプリチャージや電圧の増幅といった SRAM には不要な処理が必要となるので，アクセスタイムが SRAM に比して遅くなる．そこで通常，行アドレスが同じで列アドレスのみ異なるセルに高速にアクセスするために，行アドレスを1回だけ与え，その後列アドレスのみを変化させることにより，ビット線に読み出されたデータを順次出力するという機能が付加される．このような機能を**スタティックカラムモード** (static column mode) という．このときの入出力信号の変化を図 11.9 に示す．

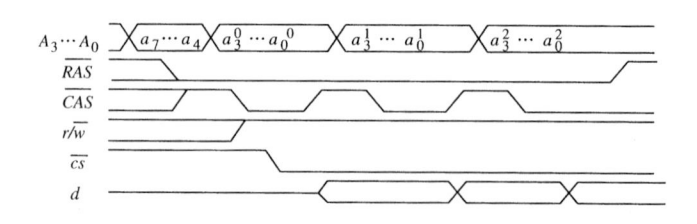

図 11.9 スタティックカラムモードにおける入出力信号の変化

また，同一行アドレスの連続した列アドレスに対するアクセスを高速化するための機能をもつ DRAM もある．これは，列アドレスデコーダの出力信号を y_i, y_{i+1}, … と順次1とすることにより実行される．このような機能を実現するための回路として，シフトレジスタの一種である**ダイナミックシフトレジスタ** (dynamic shift register) が広く利用されている．

11.3 ダイナミック RAM

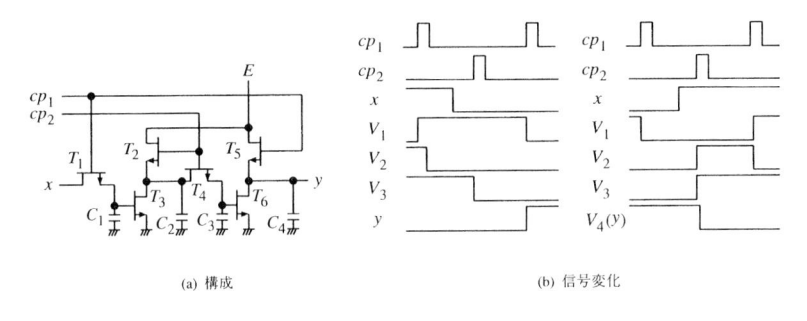

(a) 構成

(b) 信号変化

図 11.10 ダイナミックシフトレジスタ

ダイナミックシフトレジスタの 1 ビット分の構成例を図 11.10(a) に示す．x および y はそれぞれ入力値および出力値であり，cp_1，cp_2 はデータのシフトを制御するクロックパルスである．$cp_1 = cp_2 = 0$ のときすべての MOSFET は遮断状態となっている．また，$C_1 \sim C_4$ は寄生容量である．同図 (b) 左側に $x = 1$ として入力されたデータがシフトされるときの信号変化を示す．$V_1 \sim V_4$ は，それぞれ，C_1，C_2，C_3 および C_4 の両端の電圧であり，最初に cp_1 が $0 \to 1$ 変化する直前ではそれぞれ 0[V]，E[V]，E[V] および 0[V] となっているものとする．まず，cp_1 が $0 \to 1$ 変化すると T_1 が導通状態となり，C_1 が充電され $V_1 = E$ となる．cp_1 が 0 に復帰しても，T_1 が遮断状態となるだけで，V_1 はこの電圧のまま保持されるので，T_3 も導通状態となり $V_2 = 0$ となる．次に，cp_2 が $0 \to 1$ 変化すると，T_2 が T_3 の MOS 負荷として機能するとともに T_4 が導通状態となるので，V_3 も V_1 を反転した 0[V] となる．続いて，cp_2 が 0 に復帰したのち cp_1 が再度 $0 \to 1$ 変化すると，T_5 が T_6 の MOS 負荷として機能するので，$y = 1$ (V_3 を反転した E[V]) となり，x が 1 ビットシフトされたことになる．$x = 0$ として入力されたデータがシフトされるときの信号変化例は同図 (b) 右側のようになる．n ビットのダイナミックシフトレジスタは同図 (a) の回路を n 個カスケード接続することにより構成される．

以上の説明では，メモリセルの容量に充電された電荷は不変であるとしてきたが，実際には，漏洩電流により時間の経過とともに充放電され，記憶内容が消失してしまう可能性がある．このため，DRAM では定期的 (記憶内容が消失してしまわない周期) にメモリセルへの再書込みを行ってこの問題を解決してい

る．このような再書込み処理のことをリフレッシュ(refresh)という．リフレッシュは，図 11.6 で示した読出しと同じ一連の操作により行われる．すなわち，リフレッシュすべき行のアドレスを印加したのち，$\overline{RAS}$ を $1 \to 0$ 変化させて，プリチャージ，ビット線 (ビット線) への読出し，差動増幅器による増幅，セルへの再書込みという処理のみを行うことにより実行される．リフレッシュは通常のメモリへのアクセスの合間をぬって行われる．現在市販されている大多数の DRAM ではこのための回路が内蔵されており，ユーザはリフレッシュに対してとくに配慮する必要はない．

　DRAM は構造が単純であるために，SRAM よりもメモリセルの実装密度が高く，現状で数十 [Mbit] まで LSI 化されているが，反面，SRAM に比してアクセスタイムが遅く，100[nsec] 程度である．

11.4　マスク ROM

　マスク ROM は，バイポーラトランジスタ，MOSFET のいずれを用いても構成できるが，最近では MOSFET を用いる場合が多いので，ここでは主として MOSFET によるマスク ROM について説明する．

　マスク ROM のメモリセルは基本的に 1 つの MOSFET で構成されるが，データの記憶方式として，しきい値電圧に高低を設ける方式と，MOSFET そのものの実装の有無を利用した方式とが広く利用されている．前者の方式を**イオン注入プログラミング方式** (ion programming process) といい，後者を**拡散層プログラミング方式** (diffusion programming process) という．

　イオン注入プログラミング方式[2]では，図 11.11(a) に示すように，すべてのメモリセルに MOSFET T_2 が実装される．T_1 は列に共通の MOS 負荷である．ワード線上の信号 z が 0 であれば，T_2 は必ず遮断状態になる．また，z が 1 であれば，メモリセルの記憶内容が 1 の場合 T_2 が遮断状態となり，記憶内容が 0 の場合 T_2 が導通状態となる．T_2 の遮断か導通かは，製造時において基盤にイオン注入を行うか否か (しきい値電圧に差を設けること) により実現される．イオン注入とは，原子または分子のイオンを電界で加速し，シリコン基盤中に不純物として注入することである．メモリセルに記憶されている情報を読み出す

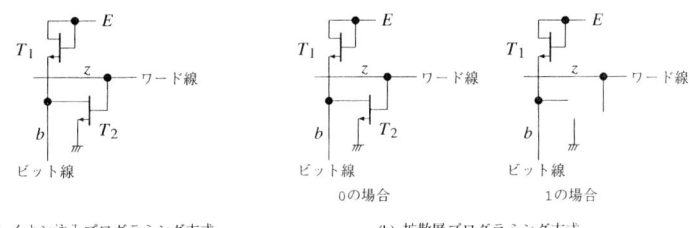

11.4 マスク ROM

図 11.11 マスク ROM のメモリセル

(a) イオン注入プログラミング方式
(b) 拡散層プログラミング方式

場合には，$z=1$ とするだけで，記憶内容の 0 および 1 に従ってそれぞれ $b=1$ および $b=0$ となる．

また，拡散層プログラミング方式[2]では，同図 (b) に示すように，0 を記憶する場合にはメモリセルに MOSFET T_2 を実装し，1 を記憶する場合には実装しない．この場合にも T_1 は MOS 負荷である．イオン注入プログラミング方式と同様に，$z=1$ とするだけで記憶内容を b として読み出すことができる．

イオン注入プログラミング方式の 16 ビットマスク ROM の構成例を図 11.12(a) に示す．この場合，4 ビットのアドレスのうち a_3a_2 が行アドレス，a_1a_0 が列

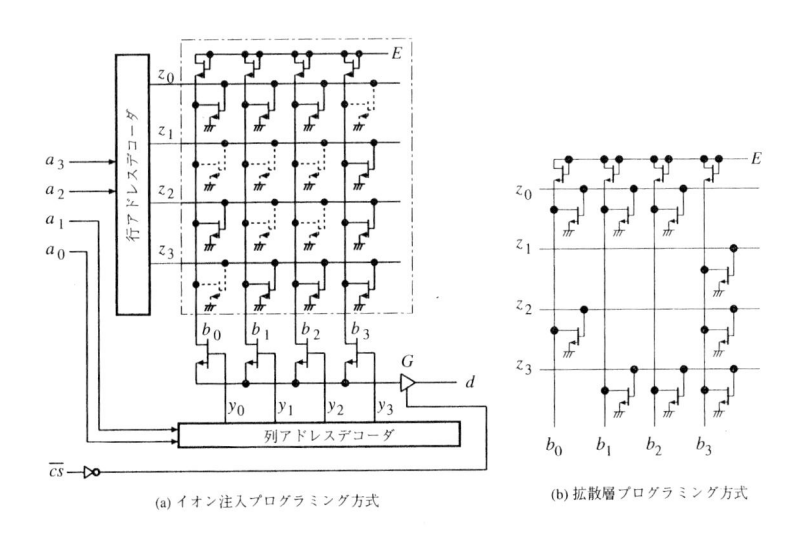

(a) イオン注入プログラミング方式
(b) 拡散層プログラミング方式

図 11.12 マスク ROM

アドレスである.実線はしきい値電圧の低い MOSFET,破線はしきい値電圧の高い MOSFET を示す.この例では記憶内容が表 11.1 の通りとなっている.拡散層プログラミング方式のマスク ROM は,メモリセルアレーの構成が図

表 11.1 記憶内容

$a_3 a_2 a_1 a_0$	記憶内容	$a_3 a_2 a_1 a_0$	記憶内容
0 0 0 0	0	1 0 0 0	0
0 0 0 1	0	1 0 0 1	1
0 0 1 0	0	1 0 1 0	1
0 0 1 1	1	1 0 1 1	0
0 1 0 0	1	1 1 0 0	1
0 1 0 1	1	1 1 0 1	0
0 1 1 0	1	1 1 1 0	0
0 1 1 1	0	1 1 1 1	0

11.12(b) となること以外,イオン注入プログラミング方式のマスク ROM と同じである.

マスク ROM のメモリ容量は通常 4[Mbit] 以下であり,また,アクセスタイムは 150～350[nsec] 程度である.いずれも時代とともに流動的に変化するのは当然である.マスク ROM は漢字フォントやゲームソフトウェアなど,大量に製造される製品に適している.

11.5　プログラマブル ROM

書換え不能型 PROM には,メモリセルに内蔵されるヒューズを溶断するか否かによりデータを記憶する方式と,内蔵されるダイオードを破壊するか否かにより記憶する方式とがある.前者を**ヒューズ方式** (fuse process) といい,後者を**接合破壊方式** (avalanche breakdown process) という.書換え不能型 PROM の構成や動作は,データの書込みに関する回路やその動作以外いずれもマスク ROM と同じであるので,ここではメモリセルの構成と動作についてのみ述べる.

ヒューズ方式および接合破壊方式のメモリセルの構成例を,それぞれ,図 11.13(a) および (b) に示す[2].ヒューズ方式では,メモリセルを 1 つのトランジスタとヒューズで構成し,0 を記憶する場合にのみ大電流を流すことによりヒューズを溶断する.また,接合破壊方式では,メモリセルを 1 つのトランジスタと 1 つのダイオードで構成し,0 を記憶する場合にのみ,ブレークダウン電

11.5 プログラマブル ROM

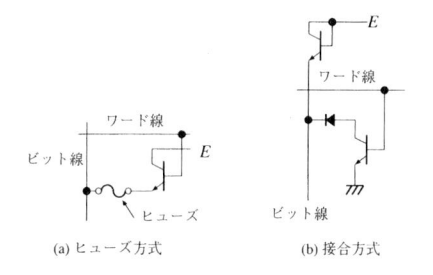

(a) ヒューズ方式

(b) 接合方式

図 11.13 書換え不能型プログラマブル ROM のメモリセル

圧を印加してダイオードを破壊し，常時導通状態にする．書換え不能型 PROM は，大電流を流す必要があるので，バイポーラトランジスタにより作られる．

書換え不能型 PROM のアクセスタイムは 30〜50[nsec] 程度であり，高速である．**6.5** で述べた PLA にも上述した原理が利用されている．

[問 11-3] 図 11.13(a) のバイポーラトランジスタの代りにダイオードを用いる場合，どのような構成になるか．

書換え可能型 PROM は，メモリセルアレーの記憶内容を消去する方法により 2 つに大別される[2]．その 1 つは紫外線の照射を利用する **EPROM**(ultra violet erasable PROM) であり，他の 1 つは電気的に消去する **EEP-ROM**(electrically erasable PROM) である．

EPROM のメモリセルと EEPROM のメモリセルは，いずれも図 11.14(a) 破線部のような構成をとる．T_1 および T_2 はいずれも通常の MOSFET であり，

(a) メモリセルの構成

(b) FAMOS の構造

(c) フローティング MOS の構造

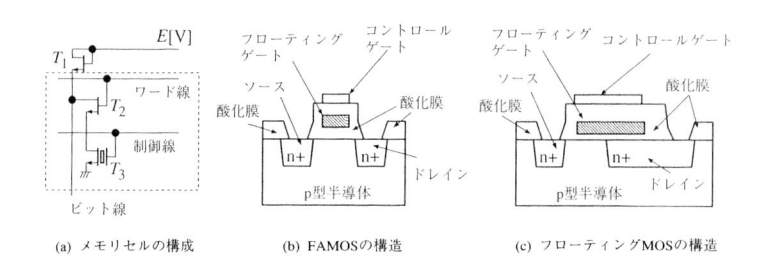

図 11.14 書換え可能型 PROM のメモリセル

それぞれ，MOS負荷および読出しの制御用として用いられている．これに対して，T_3 は情報を記憶するための特殊な構造の MOSFET である．EPROM と EEPROM とでは T_3 の構造が異なるが，いずれの場合にも T_3 は 0 および 1 の書込みに対して，それぞれ，導通状態および遮断状態となるように制御される．制御線はこのような制御を可能とするための信号であり，書込み時においてのみ 1(通常の使用状態では 0) に固定される．記憶内容の読出しは他の ROM と同様である．

MOSFET T_3 の構造を図 11.14 に示す．(b) および (c) は，それぞれ，EPROM 用 MOS(**FAMOS**(floating gate avalanche injection MOS)) および EEPROM 用 MOS(フローティング **MOS**(floating MOS)) である[2]．いずれについても，通常の MOSFET と構造上異なる点は 2 つのゲートが設けられている点である．そのうちの 1 つは通常の MOSFET のゲートと同様に同図 (a) の制御線に接続され，他の 1 つは酸化膜内に設けられている．前者を**コントロールゲート** (control gate) といい，後者を**フローティングゲート** (floating gate) という．両者の構造は酷似しているが，後者のコントロールゲートとフローティングゲートがドレイン領域まで延びており，ドレイン領域とフローティングゲート間の酸化膜が極めて薄くなっているという点が前者と異なる．いずれについても，フローティングゲートに電子を注入すれば常時遮断状態となり，注入しなければ常時導通状態となる．このような電子の注入やその消去の原理はやや複雑になるのでここでは省略するが，興味のある人は他の成書[2] を参考にして頂きたい．

EPROM および EEPROM のアクセスタイムは，それぞれ，150～250[nsec] および 50～120[nsec] 程度である．また，記憶内容の消去に要する時間はそれぞれ 20[min] および 1 アドレス当り 10[msec] 程度であり，書込みの所要時間はそれぞれ 1 アドレス当り数 10[msec] および 10[μsec] 程度である．

文　献

1) 斉藤忠夫：ディジタル回路，pp.140-149, コロナ社 (1982).
2) 菅野卓雄 (監), 飯塚哲哉 (編)：CMOS 超 LSI の設計，pp.155-200, 培風館 (1998).
3) 田村進一：ディジタル回路，p141-p163, 昭晃堂 (1987).

4) N.H.E.Weste and K.Eshraghian："Principles of CMOS VLSI Design", pp.563-590, Addison-Wesley(1993).

演 習 問 題

[1] SRAM と DRAM との違いについて整理せよ．

[2] 1024 個のアドレスをもつメモリシステムを 256 個のアドレスをもつ SRAM 4 個，2 進デコーダ 1 個，インバータ 4 個により構成せよ．

[3] 時刻 $t=0$ で，図 11.5 のメモリセルの C_C および $C_{\overline{C}}$ の両端の電圧が，それぞれ，電源電圧 E および 0[V] となっているものとする．この後 C_C の放電および $C_{\overline{C}}$ の充電はともに時定数 τ で指数関数的に行われるものとする．リフレッシュにより $t=0$ のときと同じ電圧に復帰させるためには，その後いつまでにプリチャージを開始しなければならないか．ただし，制御回路に内蔵される増幅器の電圧増幅率を A とし，図 11.5 のプリチャージの開始から増幅の完了までの所要時間は 0 とする．

[4] 16 ビットマスク ROM により次式の出力関数をもつ 4 入力組合せ論理回路を実現するためには，メモリセルアレーをどのように構成すればよいか．

$y = x_0 x_1 + \overline{x_1} x_2 + \overline{x_0} x_2 x_3$

ただし，メモリセルには図 11.12(b) の拡散層プログラミング方式を採用するものとする．

12

インターフェース回路

9章以降で述べた同期式順序回路では，暗黙のうちに，入力の変化がクロックパルスに同期して変化するものと仮定してきたが，非同期的に変化する外部の信号を順序回路の入力として使用したいような場合もしばしば起こる．そこでこのような場合には，信号の発生源と順序回路の入力端との間に，外部の信号をクロックパルスに同期化したり，同期化のための前処理を行ったりするための回路が挿入される．このように信号の発生時刻に関する問題を処理する回路のことを**競合処理回路** (conflict resolving circuit) という．また，これとは別に，外部で生成されたアナログ信号を順序回路で処理したり，順序回路で処理した結果を外部のアナログ回路に供給したりするような要求も少なくない．このような場合には，アナログ信号をディジタル信号に変換する回路やディジタル信号をアナログ信号に変換する回路が利用される．前者の回路を **AD 変換器** (AD(analog to digital) converter)，後者の回路を **DA 変換器** (DA(digital to analog) converter) という．

本章では，競合処理回路，AD 変換器および DA 変換器について，基本的な回路や方式を簡単に説明する．

12.1 競合処理回路

コンピュータの中央処理装置 (CPU) をはじめ既存の大多数の順序回路は，これまでくり返し述べてきたように，同期式順序回路として作られている．しかし，これらの回路で利用される入力の変化がクロックパルスとは全く独立に生

12.1 競合処理回路

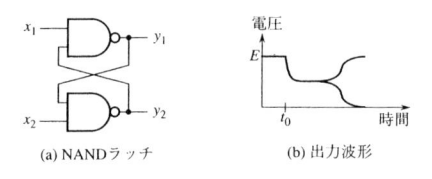

図 12.1 メタステーブル動作

(a) NANDラッチ (b) 出力波形

起する場合，これを入力とするフリップフロップではセットアップ時間やホールド時間 (**8.5** 参照) が確保できず，誤動作の生起する可能性がある．

図 12.1(a) の NAND ラッチは CMOS により構成されているものとする．2つの入力 x_1, x_2 が時間的に接近して $0 \to 1$ 変化したとき，2つの出力 y_1, y_2 の波形は異常な形になる．同図 (b) に両者の $0 \to 1$ 変化が時刻 t_0 付近で生起したときの出力波形を示す．$t = t_0$ 以前では y_1, y_2 の値がともに $1(E[\mathrm{V}])$ であるが，両者が $0 \to 1$ 変化すると y_1, y_2 はほぼ同時に図のように論理 0 と 1 との中間的な電圧 ($E/2[\mathrm{V}]$ 付近) まで低下する．そして，ある不確定な期間この値に停滞したのち，一方が論理 1 になると同時に他方が論理 0 となって安定する．雑音がなければ，早く 1 になった側のゲートの出力が最終的に 0 になる．このような動作のことを**メタステーブル動作** (metastable operation) という[1]．メタステーブル動作は，入力変化が接近すれば必ず起こる不可避な動作であり，TTL による回路でも生起する．

メタステーブル動作が生起したのち論理 1 に安定するような波形を D フリップフロップの入力に加えたとする．このフリップフロップがメタステーブル動作に伴う中間的な入力電圧を論理 0 と認識した場合には，本来は 1 であるにもかかわらず，誤った値 0 が記憶されてしまうことになる．

この種の誤動作を防止するための回路例を図 12.2 に示す．$\hat{x}$ は同期式順序回

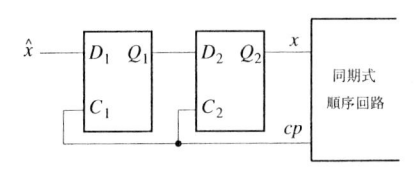

図 12.2 シンクロナイザの構成

路のクロックパルス cp とは独立に生起する信号である．2 つの D フリップフロップには，同期式順序回路の cp が供給されている．$\hat{x}$ の $0 \to 1$ 変化が cp の $0 \to 1$ 変化と接近して生起すると，前段の D フリップフロップでは，メタステーブル動作が生起する．しかし，通常，メタステーブル動作は生起したとしても，次に cp が 1 になる時点までには終息して，0 または 1 に安定する．このため cp が 1 になると，2 段目のフリップフロップはこの 0 または 1 をラッチし，同期式順序回路に安定な入力を供給する．いま Q_2 の値は 0 であるとする．$\hat{x}$ の 1 はその後前段の D フリップフロップにラッチされて $Q_1 = 1$ となり，さらに次の cp により $Q_2 = 1$ として順序回路の入力として供給される．したがって，$\hat{x}$ は cp に対して非同期的に生起するにもかかわらず，誤動作を起こすことなく，同期式順序回路の入力として利用される．このような回路のことをシンクロナイザ (synchronizer) という．シンクロナイザはコンピュータの中でもしばしば利用されている．

次に，セットアップ時間やホールド時間の満たされない状態を積極的に利用する応用例を述べる．A および B の 2 人に対応してそれぞれ押しボタン a および b が用意されている．両者が用意ドンで押しボタンを押し，早く押した方が勝ちとする．引き分けはないものとする．これに利用できる最も単純な回路を図 12.3 に示す．クロックパルスが使用されていないことに注意する．押しボタン a, b が図のような状態にあるとき，G_1, G_2 で構成される NAND ラッチの出力はいずれも 1 となり，したがって y_A, y_B はともに 0 となっている．いまこの状態から，A, B 両者がほぼ同時に a, b を押すとメタステーブル動作が起こるかもしれないが，上述したように最終的には安定する．したがって，早く押された方のゲートの出力が先に 0 となり，対応する出力 (y_A または y_B) が

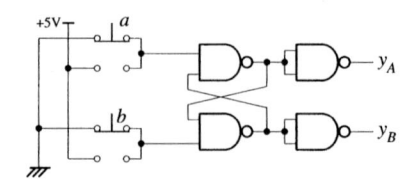

図 12.3　先着優先回路

1 となる.この原理を応用すれば 3 人以上の場合の先着優先回路なども構成できる.

上述した 2 種類の回路は利用目的を異にするが,いずれも,接近した信号変化の競合を処理するために利用される一種の順序回路である.この意味でこの種の回路は総称して**競合処理回路** (conflict resolving circuit) と呼ばれている.

12.2 アナログ信号とディジタル信号の相互変換

人間が耳で聞くことのできる音の範囲は数 10[Hz] から 20[kHz] までといわれている.このため,オーディオ用増幅器では,出力の上限周波数が約 20[kHz] となるように設計されている.このようにある値以上の周波数成分をもたない信号のことを**帯域制限信号** (bandlimited signal) と呼ぶ.周波数 W[Hz] で帯域制限されている信号は,$1/2W$[sec] より短い時間間隔ごとに抽出した信号値だけから完全に再構成することができる[2).これを**標本化定理** (sampling theorem) という.また,連続的な信号から離散的な時刻におけるアナログ信号の値を抽出する操作のことを**標本化** (sampling) といい,各離散的な時刻におけるアナログ信号の値のことを**標本値** (sample value) という.

図 12.4 にアナログ信号をディジタル信号に変換するときの操作手順を示す.与えられたアナログ信号を低域通過ろ波器(ある値以上の周波数成分を遮断する回路のこと)によって帯域制限した後,標本化を行っている.しかし,標本化しただけではディジタル処理に適した形式になっていないので,次に各標本値を離散的な値に変換する.この操作のことを**量子化** (quatization) という.標本値を v とすれば,その量子化値 q は次のように与えられる.

$$q = ls, \quad l = \langle v/s \rangle \tag{12.1}$$

ただし,$\langle x \rangle$ は x を四捨五入した値であり,s は量子化ステップ幅である.s の

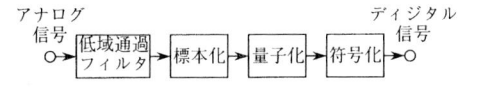

図 **12.4** アナログ信号のディジタル化

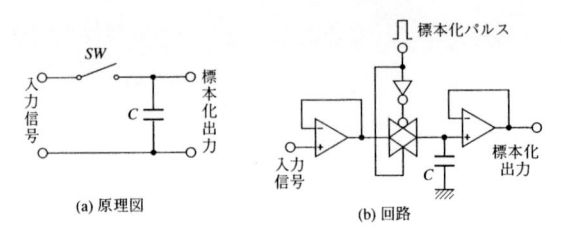

図 12.5 標本化回路

値が小さければ小さいほど量子化精度は高い．最後に，l は目的に応じて所望の符号に変換される．この変換操作のことを**符号化** (encoding) という．

図 12.5(a) に標本化回路の原理図を示す．スイッチ SW は周期的に非常に短い時間だけ閉じるものとする．入力の電圧はこれが閉じるたびに容量 C に標本値として蓄えられる．この標本値は次に SW が閉じるまで保持され，この間に AD 変換操作が実行される．同図 (b) に**演算増幅器** (operational amplifier) と伝達ゲートを用いた標本化回路の例を示す．演算増幅器は高入力抵抗かつ低出力抵抗の増幅器 (増幅率は 1) として動作している．

[問 12-1] 図 12.5(b) の回路において，入力側の演算増幅器の出力抵抗と導通状態にある伝達ゲートの抵抗の和が R であるとする．CR の値が標本化パルスの時間幅に比して十分小さくなければならない理由を述べよ．
ヒント：容量の充電期間に着目せよ．

以下では AD 変換器と DA 変換器の回路について述べるが，高速性の要求されない AD 変換器は DA 変換器を 1 つの構成要素として用いて実現されるので，DA 変換器から始める．

12.3 DA 変換器

12.3.1 重み抵抗型 DA 変換器

図 12.6(a) に DA 変換器の一例を示す．スイッチ $SW_d (0 \leq d \leq D-1)$ に接続される抵抗値は SW_0 に接続される抵抗値の $1/2^d$ となるように選定される．

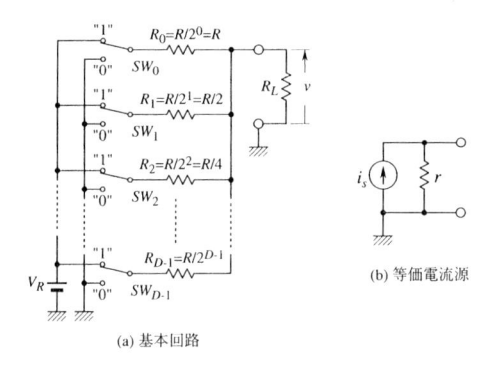

図 12.6 重み抵抗型 DA 変換器

以下これらの抵抗のことを重み抵抗という．いま，式 (12.1) における l が正整数であり，D 桁の 2 進数 $l_{D-1}l_{D-2}\cdots l_1l_0$ で表現されているものとする．SW_d は，$l_d = 1$ のとき "1" 側に，$l_d = 0$ のとき "0" 側に接続される．

出力端の抵抗 R_L から重み抵抗側 (左側) を見た場合，同図 (b) に示すように 1 つの電流源と 1 つの抵抗に置き直すことができる[3]．電流源の大きさ i_s と抵抗 r は次式のように表すことができる．

$$\left. \begin{array}{l} i_s = \dfrac{V_R}{R}(l_{D-1}2^{D-1} + l_{D-2}2^{D-2} + \cdots + l_0 2^0) \\ r = \dfrac{1}{\dfrac{2^{D-1}}{R} + \dfrac{2^{D-1}}{R} + \cdots + \dfrac{2^0}{R}} = \dfrac{R}{2^D - 1} \end{array} \right\} \quad (12.2)$$

電流源とは，その電源に接続されている負荷抵抗の値に関係なく常に一定の電流を流すことができる電源である．出力電圧 v は上述した 2 進数に比例した値として次式のように与えられ，DA 変換が行われていることがわかる．

$$v = \frac{R_L V_R}{R + (2^D - 1)R_L}(l_{D-1}2^{D-1} + l_{D-2}2^{D-2} + \cdots + l_0 2^0) \quad (12.3)$$

図 12.6(a) の SW_d は **6.1** で述べた CMOS 2-1 マルチプレクサにより置き換えることができる．このような DA 変換器を**重み抵抗型 DA 変換器**という．

12.3.2 梯子型 DA 変換器

図 12.7 に図 12.6 とは別の DA 変換器の回路例を示す[3,4]．図 12.6 の DA 変

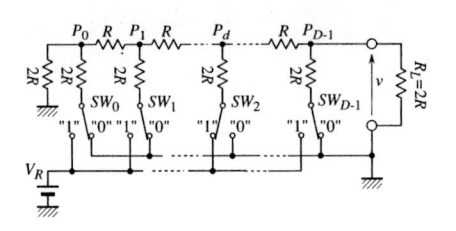

図 12.7 梯子型 DA 変換器

換器に比較して抵抗数が 2 倍となっているが，それらの値は R と $2R$ の 2 種類だけとなっているので抵抗の精度確保は容易である．これは IC 化にとって好都合である．

図 12.7 のように d 番目のスイッチ SW_d が "1" 側に，他のすべてのスイッチが "0" 側に接続されている場合の出力電圧を考えよう．この回路では，点 P_0, P_1, $\cdots$, P_{D-1} のどの点においても，左あるいは右を見たときの抵抗値は常に $2R$ となっている．したがって，点 P_d の電圧 v_d は $V_R/3$ となり，その点から一点右に進む毎に電圧が半減していく．したがって出力端 P_{D-1} の電圧は $(V_R/3)(1/2)^{D-1-d}$ となる．

各スイッチ SW_d が与えられた $l_{D-1} l_{D-2} \cdots l_1 l_0$ に従って動作する場合には，出力電圧 v は次式で与えられることになる[3,4]．

$$\begin{aligned} v &= \sum_{d=0}^{D-1} \frac{V_R}{3} l_d \left(\frac{1}{2}\right)^{D-1-d} \\ &= \frac{V_R}{3 \cdot 2^{D-1}} \left(l_{D-1} 2^{D-1} + l_{D-2} 2^{D-2} + \cdots + i_0 2^0 \right) \end{aligned} \quad (12.4)$$

すなわち，出力電圧は 2 進数 $l_{D-1} l_{D-2} \cdots l_1 l_0$ に比例した値となり，DA 変換が行われていることがわかる．このような DA 変換器のことを**梯子型 DA 変換器** (ladder network DA converter) という．

図 12.8(a) に出力緩衝器を有する梯子型 DA 変換器の例を示す．演算増幅器は既に述べたように，高入力抵抗，低出力抵抗，高増幅率（通常 $10^6 \sim 10^7$）の電圧増幅器である[5]．これは **2.3** で述べた差動増幅回路の一種である．同図 (b) の回路は演算増幅器による反転増幅器であり，その増幅率は $V_o/V_i = -R_f/R_i$ となる．ただし，R_i, R_f は出力抵抗より十分大きく，入力抵抗より十分小さ

12.4 AD 変換器

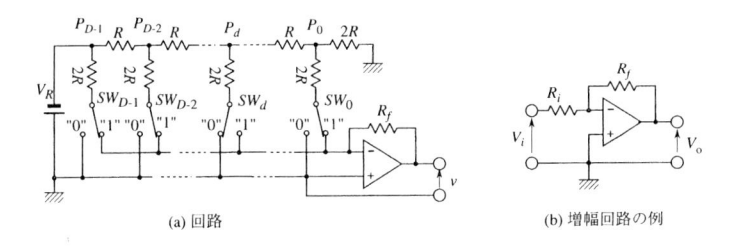

図 12.8 梯子型 DA 変換器の変形

(a) 回路 (b) 増幅回路の例

い.このことから,R_i に流れる電流はすべて R_f に流れると考えてよい.しかも,増幅器の増幅率は十分大きいから,通常の動作状態における入力端子+--間の電圧は V_o に比して非常に小さく,-側端子の電圧は近似的に 0 と考えて差し支えない.同図 (a) の回路において V_R に流れる電流は SW_d の接続状態に関係なく V_R/R で,右から d 番目の抵抗 $2R$ から P_d に向かって流れる電流は $(2^d/2^D)(V_R/R)$ となる.しかし,この電流が演算増幅器から供給されるのは SW_d が "1" 側に接続されているときである.以上から,図 12.8(a) の回路において抵抗 R_f に流れる電流の総和は $(V_R/R)(l_{D-1}2^{D-1} + l_{D-2}2^{D-2} + \cdots + l_0 2^0)$ となり,したがって,v は次のように与えられる.

$$v = \frac{V_R}{2^D}\frac{R_f}{R}\left(l_{D-1}2^{D-1} + l_{D-2}2^{D-2} + \cdots + l_0 2^0\right) \tag{12.5}$$

[問 12-2]　12.8(a) において電圧源を電流源に変えても同様に DA 変換器として動作することを示せ.

12.4　AD変換器

AD 変換器の主要な方式として,逐次比較型,計数型,並列型などが知られている.以下ではこれら 3 種類の方式を述べる.

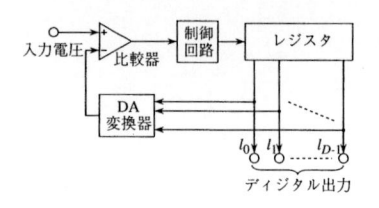

図 12.9 逐次比較型 AD 変換器

12.4.1 逐次比較型 AD 変換器

図 12.9 に**逐次比較型 AD 変換器**の構成例を示す[3,4]．レジスタは一種の並列レジスタであるが，各ビットは独立にセット/リセットできるような構造になっている．変換開始に先立ってレジスタはリセットされている．AD 変換が開始されると，まずレジスタの最上位ビットをセットし，この DA 変換値が入力アナログ値より小さければそのままに，大きければこのビットをリセットする．次に，最上位ビットはそのままにしておいて，上位から 2 ビット目をセットしたのち同様の操作を行う．以下この操作を最下位ビットまでくり返せば，AD 変換が終了し，この結果がレジスタに残される．

もし変換の途中で入力アナログ値が変化すると正確な変換値が得られないので，入力アナログ値は最下位ビットの比較が完了するまでは保持しておかなければならない．

12.4.2 計数型 AD 変換器

図 12.10 に**計数型 AD 変換器**の構成例を示す[3,4]．可逆カウンタ（**10.4** 参

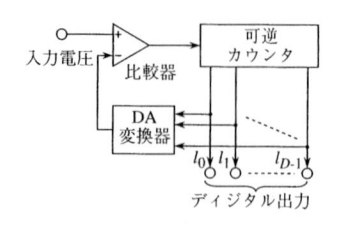

図 12.10 計数型 AD 変換器

照）の内容を DA 変換器でアナログ電圧に変換し，この電圧と入力電圧の差が

12.4 AD 変換器

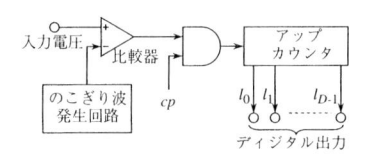

図 12.11 単傾斜計数型 AD 変換器

極力小さくなるように，可逆カウンタの計数方向を制御する．すなわち，差の絶対値がある値より小さくなった時点でのカウンタの値が AD 変換の結果を与える．もちろん，この方式においても，変換期間中の入力値は一定に保持しなければならないので，標本化保持回路が必要である．また，本方式では B 桁の 2 進数出力を得るために最大 2^B 回のカウンタの更新が必要であるので，逐次比較型に比して変換時間が長くなる．

図 12.10 の AD 変換器において，比較器と DA 変換器を除外する代わりに，のこぎり波発生回路を付加し，カウンタをリセットしたのち変換を開始させ，のこぎり波と入力値が一致するまでの時間を計れば，AD 変換値に比例した値となる．このような原理の AD 変換器を図 12.11 に示す．この方式の AD 変換器を **単傾斜計数型 AD 変換器** という．温度や電源電圧に依存せず線形性の高いのこぎり波を利用すれば，0.1% の変換精度を得ることができる．

12.4.3 並列型 AD 変換器

入力電圧を D 桁の 2 進数に変換することのできる **並列型 AD 変換器** (parallel AD converter) の回路例を図 12.12 に示す[3,4]．D 桁の 2 進数は $0 \sim 2^D - 1$ の離散値であるから，比較のための参照電圧の値は $2^D - 1$ 個だけ必要となる．これらの参照電圧値は，各抵抗値を図示した値に選ぶことにより実現できる．ただし，$U = V_R/(2^D - 1)$ である．

表 12.1 に $D = 3$ としたときの入出力関係を示す．入力電圧を 0 から徐々に大きくするとき，比較器の出力は図 12.12 の下側から順に 1 となり，最終的にはすべて 1 となる．AD 変換時には，入力値と同じ参照電圧の比較器までの出力が 1 となり，2 進エンコーダ (**6.2** 参照) によって 3 桁の 2 進数に変換される．

入力が変動する場合には，D フリップフロップをエッジトリガ型にすること

表 12.1 並列型 AD 変換器における入出力関係

v_i/U	比較器出力							出力		
	C_7	C_6	C_5	C_4	C_3	C_2	C_1	l_2	l_1	l_0
0	0	0	0	0	0	0	0	0	0	0
1	0	0	0	0	0	0	1	0	0	1
2	0	0	0	0	0	1	1	0	1	0
3	0	0	0	0	1	1	1	0	1	1
4	0	0	0	1	1	1	1	1	0	0
5	0	0	1	1	1	1	1	1	0	1
6	0	1	1	1	1	1	1	1	1	0
7	1	1	1	1	1	1	1	1	1	1

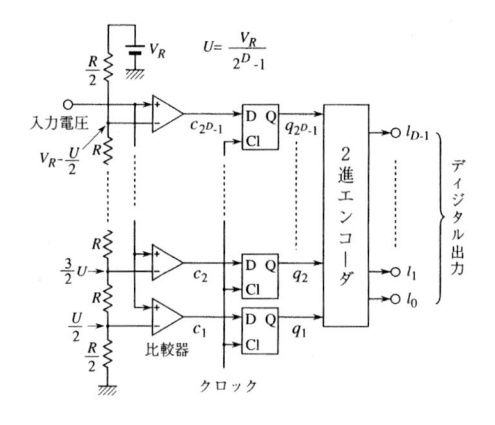

図 12.12 並列型 AD 変換器

により誤変換を防ぐことができる．並列型 AD 変換器は，計数型や逐次比較型に比べて回路構成が複雑になるが，所要変換時間が短いので動画像の高速 AD 変換にもっぱら利用される．

文　献

1) 佐藤洋一郎，岡本卓爾，杉山裕二：メタステーブル動作を模擬するための CMOS NOR ゲートモデル．電子情報通信学会論文誌 D, J75-D-1 巻,10 号,pp.900-908（1992）．
2) 瀧　保夫：情報論 I—情報伝送の理論—, pp.127-169, 岩波書店（1978）．
3) 浅田邦博：アナログ電子回路—VLSI 工学へのプローチ—, pp.173-187, 昭晃堂（1998）．
4) 小田嶋　稔，中根久雄：半導体回路マニュアル（宇都宮敏男編），pp.311-331, オーム社（1975）．
5) 樋口龍雄，江刺正喜：電子情報回路 I, 昭晃堂（1989）．

演習問題

[1] アナログ信号をディジタル化する場合，標本化周期 T と量子化ステップ幅 s が大きくなったとき，どのような種類の誤差が生ずるか説明せよ．

[2] 周波数 W の正弦波をくり返し周期 $1/W$ の標本化パルスで標本化したとき，直流を標本化した結果と変わらない．その理由を述べよ．

[3] 正負にわたって変化する数値があり，負数は 2 の補数で表現されているものとする．図 12.6 および 12.7 の DA 変換器を変形して，この数値を取り扱うことのできる DA 変換器に作成せよ．

[4] 図 12.12 の AD 変換器を改造して，正負にわたる入力アナログ電圧が 2 の補数表現で出力できるようにしたい．回路をどのように変更すればよいか．

演習問題の解答

第 1 章

[1] 図 1.19 において D_1 の電圧を V_{d0} とすれば，D_2 と D_3 の各ダイオードの電圧は $V_{d0}/2$ となる．このとき図 1.3 より，D_2 と D_3 の電流は非常に小さい．

[2] 負荷方程式は，$ER_L/(R_C + R_L) = R_C R_L/(R_C + R_L) \cdot I_C + V_C$．図 1.8(b) の負荷直線は，$I_C$ 切片が不動で，V_o 切片が E から出発して原点に近づく．

[3] 出力波形は図 A.1 であり，$t_f = t_r = C_{DS} R_D \ln 9 \simeq 2.2 C_{DS} R_D$．

[4] 省略．

第 2 章

[1] R_L を追加したことによって時定数が小さくなり，図 2.5 において立上がり時間が短くなる．また V_o の高レベル電圧は $ER_L/(R_C + R_L)$ となる．

[2] ダイオードの導通方向は上から下の方向になっていることに注意すれば，出力波形は図 A.2 のようになる．

[3] $I_+/I_- = (1 - 0.0001)/(1 + 0.0001) \simeq 0.9998$ となる．

[4] 図 A.3 の等価回路を導出し，微分方程式をたてて解け．
$V = E(C_B/C)(1 - e^{-t/RC_B})$．

[5] 省略．

第 3 章

[1] **3.1** の議論と同様にして，

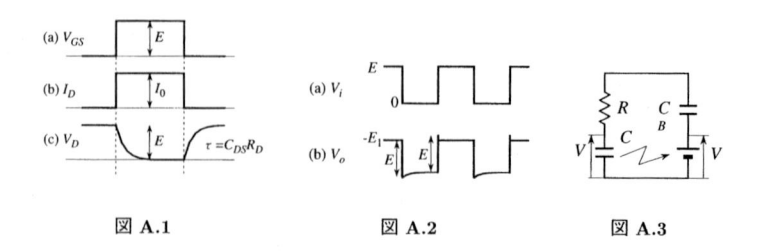

図 A.1　　　図 A.2　　　図 A.3

$$T = R_1 C_1 \ln \frac{E - V_{BES} + E_{b1}}{E_{b1}} + R_2 C_2 \ln \frac{E - V_{BES} + E_{b2}}{E_{b2}}$$

[2] 式 (3.4) の導出とまったく同じようにすれば，式 (3.10) を得る．

[3] 式 (3.8) がそのままパルス幅になる．導出過程も式 (3.8) を導出したのと同様である．

第 4 章

[1] すべて $x_1 = x_3 = x_4 = 0$ と $x_2 = x_3 = x_4 = 0$ のときのみ $y = 1$ となる．

[2] (a) 表 A.1 の通り．
(b) $V_1 = 2.1 [\mathrm{V}]$, $V_2 = V_5 = V_6 = 0.7 [\mathrm{V}]$, $V_3 = 1.4 [\mathrm{V}]$, $V_4 = 0 [\mathrm{V}]$.
(c) $V_1 = V_2 = 0.7 [\mathrm{V}]$, $V_3 = V_4 = V_6 = 0 [\mathrm{V}]$, $V_5 = 5 [\mathrm{V}]$.

[3] T_{p1} と T_{n1}，T_{p2} と T_{n2} はいずれもインバータであり，$x_2 = 0 (x_1 = 0)$ のとき $T_{p3}(T_{p4})$ には $T_{p2}(T_{p1})$ を介して電源が供給されることに注意せよ．解は表 A.2 の通り．

[4] 省略．

表 A.1

x_1 x_2	y
0 0	1
0 1	0
1 1	0
1 0	0

表 A.2

x_1 x_2	y
0 0	0
0 1	1
1 1	0
1 0	1

第 5 章

[1] 相補律 (5.7c)，分配律 (5.6b)，交換律 (5.4a)，(5.4b) から下の 2 式が等しい．

$$左辺 = a\bar{b}(c + \bar{c}) + bc(a + \bar{a}) + \bar{c}\,\bar{a}(b + \bar{b})$$
$$右辺 = \bar{a}b(c + \bar{c}) + \bar{b}\,\bar{c}(a + \bar{a}) + ca(b + \bar{b})$$

[2] 積和標準形：$f = \bar{x}\,\bar{y}\,\bar{z} + x\,\bar{y}\,\bar{z} + x\,\bar{y}\,z$, ゲート数 7 個．
和積標準形：$f = (x + y + \bar{z})(x + \bar{y} + z)(x + \bar{y} + \bar{z})(\bar{x} + \bar{y} + z)(\bar{x} + \bar{y} + \bar{z})$, ゲート数 9 個．

[3] NOT 関数，2 変数 AND 関数，2 変数 OR 関数が，一般性を失うことなく，NOR 関数のみを用いて次のように表現できることを示せ．

$$\bar{x} = \overline{x + x}$$

$$xy = \overline{\overline{x \cdot y}} = \overline{\overline{x} + \overline{y}} = \overline{\overline{x+x}+\overline{y+y}}$$
$$x+y = \overline{\overline{x+y}} = \overline{\overline{x+y}+\overline{x+y}}$$

[4] (a) $f = \overline{x_1}\,\overline{x_2} + \overline{x_3}\,\overline{x_4} + x_1\,\overline{x_3} + x_2\,x_3\,x_4$ (必須項は $\overline{x_1}\,\overline{x_2}$ と $\overline{x_3}\,\overline{x_4}$).

(b) $f = \overline{x_1}\,\overline{x_4} + x_2\,\overline{x_4} + x_2 x_3$ (すべて必須項).

[5] (a) 最簡形式は次の 2 種類 (必須項なし).

$$f = \overline{a}\,\overline{b}\,\overline{c} + b\,\overline{c}\,d + a\,b\,c + a\,\overline{b}\,\overline{d}$$
$$= \overline{b}\,\overline{c}\,\overline{d} + \overline{a}\,\overline{c}\,d + a\,b\,d + a\,c\,\overline{d}$$

(b) 与えられた表現が最簡形式.

[6] (a) $g = y(\overline{x} + z)$.

(b) $h = z(\overline{x} + y)$.

第 6 章

[1] 図 A.4 の通り.

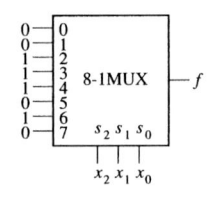

図 **A.4**

[2] 表 A.3 の Gray 符号を用いるとすると, カルノ図から次のように $y_0 \sim y_3$ が決まる.

$y_3 = x_3$

$y_2 = x_3\,\overline{x_1}\,\overline{x_0} + \overline{x_2}\,\overline{x_1}\,x_0 + \overline{x_3}\,x_2\,x_1 + \overline{x_3}\,x_1\,\overline{x_0} + x_2\,x_1\,\overline{x_0}$

$y_1 = \overline{x_3}\,x_2 + x_3\,\overline{x_2}$

$y_0 = x_3\,x_2\,\overline{x_1} + x_3\,\overline{x_1}\,\overline{x_0} + \overline{x_3}\,\overline{x_2}\,x_1 + \overline{x_3}\,x_1\,x_0 + x_2\,\overline{x_1}\,\overline{x_0}$
$\qquad + \overline{x_2}\,x_1\,x_0$

[3] 図 A.5 の通り. ただし, $a_5 \sim a_0$, $b_5 \sim b_0$ は入力, $z_{a=b}$, $z_{a<b}$, $z_{a>b}$ は出力である.

演習問題の解答

表 A.3

x_3 x_2 x_1 x_0	y_3 y_2 y_1 y_0	x_3 x_2 x_1 x_0	y_3 y_2 y_1 y_0
0 0 0 0	0 0 0 0	1 0 0 0	1 1 1 1
0 0 0 1	0 1 0 0	1 0 0 1	1 1 1 0
0 0 1 0	0 1 0 1	1 0 1 0	1 0 1 0
0 0 1 1	0 0 0 1	1 0 1 1	1 0 1 1
0 1 0 0	0 0 1 1	1 1 0 0	1 0 0 1
0 1 0 1	0 0 1 0	1 1 0 1	1 1 0 1
0 1 1 0	0 1 1 0	1 1 1 0	1 1 0 0
0 1 1 1	0 1 1 1	1 1 1 1	1 0 0 0

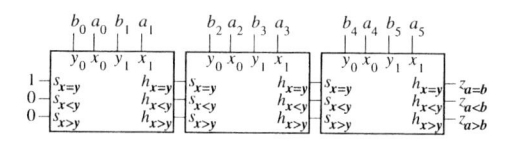

図 A.5

[4] 図 A.6 の通り.

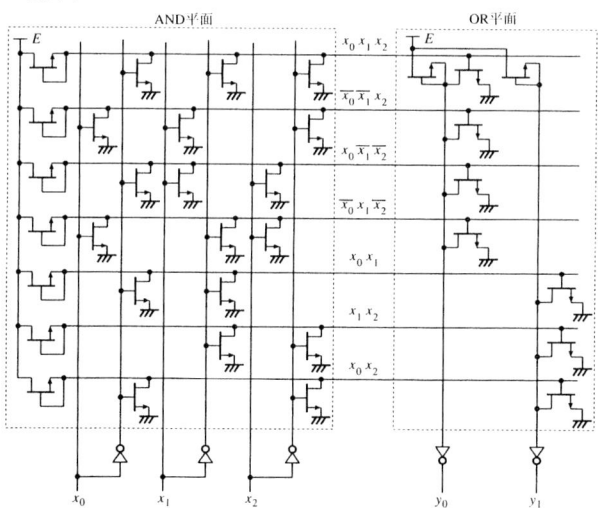

図 A.6

第 7 章

[1] b = 01011.

[2] 順次桁上げ加算器：$64T$.
    桁上げ先見加算器：$8T$.

[3] $29T$.

[4] 例えば，図 A.7．ただし，y および c_{out} は，それぞれ，演算結果出力およ

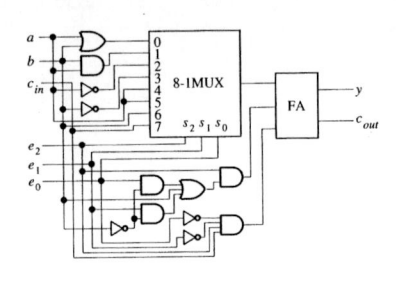

図 A.7

第 8 章

[1] 図 8.2(b) から $Q^{n+1} = 1$ となる条件を求め，$S^n R^n = 0$ と $1 + \overline{R^n} Q^n = 1$ を使って $Q^{n+1} = S^n + \overline{R^n} Q^n$ を導け．

[2] 表 A.4 の通り．

表 A.4

Q^n	Q^{n+1}	J^n	K^n
0	0	0	ϕ
0	1	1	ϕ
1	1	ϕ	0
1	0	ϕ	1

[3] クロックパルスを与える度に出力が反転する．このような動作のことをトグル動作 (toggle operation) ともいう．

[4] (G_4, G_5) および (G_7, G_8) はそれぞれ RS ラッチを構成，(G_1, G_2, G_3, G_4) も一種の記憶回路．$P, \overline{S}, \overline{R}, Q, \overline{Q}$ に対して，C の $0 \to 1$ 変化の前および後を区別するためにそれぞれ n および $n+1$ を付す．$C = 0$ のとき $\overline{P^n} = J\overline{Q^n} + \overline{K}Q^n, \overline{S^n} = \overline{R^n} = 1$ である．C が $0 \to 1$ 変化すると，$\overline{S^{n+1}} = \overline{P^n}, \overline{R^{n+1}} = P^n$ となり，JK フリップフロップの論理に従って出力が変化する．

$\overline{P^n} = 0$ なら，$\overline{S^{n+1}} = 0, \overline{R^{n+1}} = 1$ となるから，以後少なくとも $C = 1$ の期間この状態が保持される．また，$\overline{P^n} = 1$ なら，$\overline{S^{n+1}} = 1, \overline{R^{n+1}} = 0$ となるが，$\overline{R^{n+1}} = 0$ は (G_1, G_2, G_3, G_4) によって保持される．よって，C の $0 \to 1$ 変化後出力値が安定すると，その後の入力変化は $Q, \overline{Q}$ に影

響しない．さらに，その後 C が $1 \to 0$ 変化しても $\overline{S^n} = \overline{R^n} = 1$ となり，出力不変である．

[5] 図 A.8 の通り．

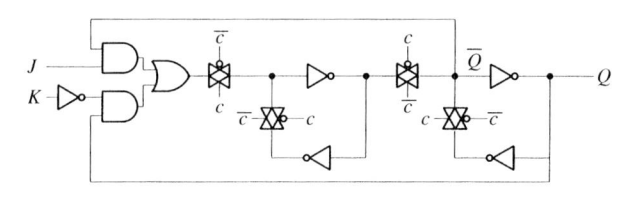

図 **A.8**

[6] 図 A.9(a) の MMV_1 および MMV_2 は単安定マルチバイブレータであり，同図 (b) の T_1 および T_2 はそれぞれ出力 Q_1 および Q_2 のパルス幅である．

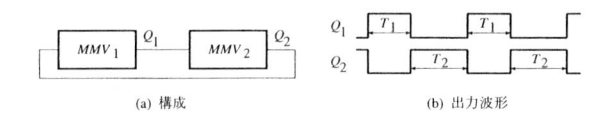

(a) 構成　　(b) 出力波形

図 **A.9**

第 9 章

[1] 特性方程式は $Q^{n+1} = \overline{T^n}Q^n + T^n\overline{Q^n}$ であり，状態表，状態図および制御条件表は，それぞれ，図 A.10(a)，(b) および (c) の通り．

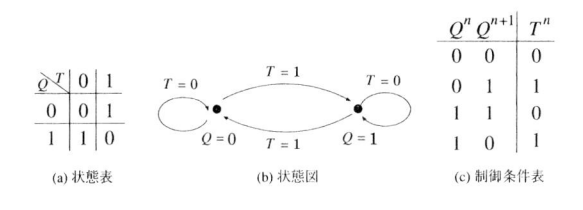

(a) 状態表　　(b) 状態図　　(c) 制御条件表

図 **A.10**

[2] D フリップフロップでは，$Q^{n+1} = D^n$ (特性方程式) が成り立つので，図 A.11(a) の Q^{n+1} を D^n に置換えて得られる関数を回路に直せ．

	$J^n K^n$			
Q^n	00	01	11	10
0	0	0	1	1
1	1	0	0	1

(a) JKフリップフロップの状態表　(b) 構成　(c) Cの回路

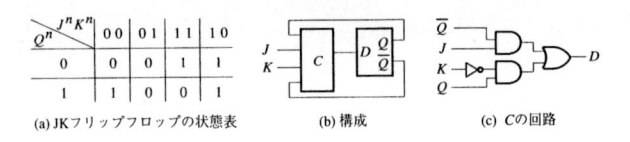

図 A.11

[3] 図9.9から $J_1 = x(Q_1 + \overline{Q_2})$, $K_1 = x$, $J_2 = Q_1$, $K_2 = x\overline{Q_1}Q_2 + Q_1 = xQ_2 + Q_1$. 図 A.12(a), (b) および (c) は，それぞれ，x, Q_1, Q_2 の組合せに対する励起関数の値，制御条件表および状態表である．

$J_1 K_1$
$J_2 K_2$

x	$Q_1 Q_2$	00	01	11	10
0		0,0 0,0	0,0 0,0	0,0 1,1	0,0 1,1
1		1,1 0,0	0,1 0,1	1,1 1,1	1,1 1,1

(a) 励起関数

Q	JK	00	01	11	10
0		0	0	1	1
1		1	0	0	1

(b) JKフリップフロップの状態表

x	$Q_1 Q_2$	00	01	11	10
0		0,0	0,1	1,0	1,1
1		1,0	0,0	0,0	0,1

(c) 図9.9の回路の状態表

図 A.12

[4] 2つの T フリップフロップの励起関数は $T_1 = Q_1 + Q_2$, $T_2 = \overline{Q_1}$ であり，図 A.13 の回路となる．

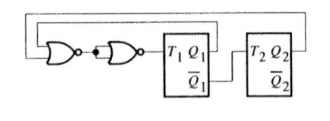

図 A.13

[5] 2つの D フリップフロップの励起関数は $D_1 = zQ_1 + \overline{Q_1}Q_2$, $D_2 = yz + y\overline{Q_1}Q_2 + z\overline{Q_1}\overline{Q_2}$ となり，図 A.14 の回路構成が得られる．

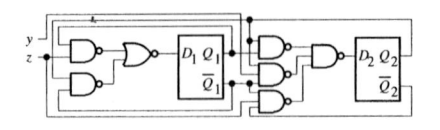

図 A.14

第 10 章

[1] 例えば図 10.2 の並列レジスタ 2 つと 4×(2–1MUX)2 つを図 A.15 のように接続し，$w = 1$ としてクロックパルス cp を 1 つだけ与える．ただし，x_{1i}, x_{2i} $(1 \leq i \leq 4)$ はレジスタへの外部入力を示す．

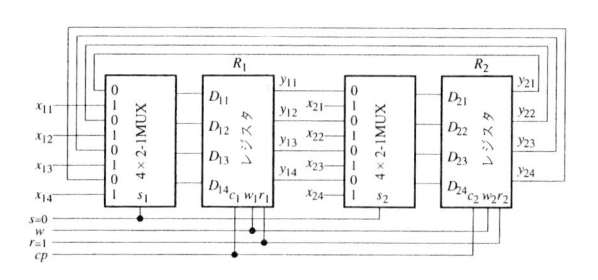

図 A.15

[2] $(Q_3, Q_2, Q_1, Q_0) = (0,0,0,0)$ から出発すると図 A.16(a) の状態表が得られ，出力波形は同図 (b) のようになる．ただし，矢印は論理値変化の依存関係を示す．

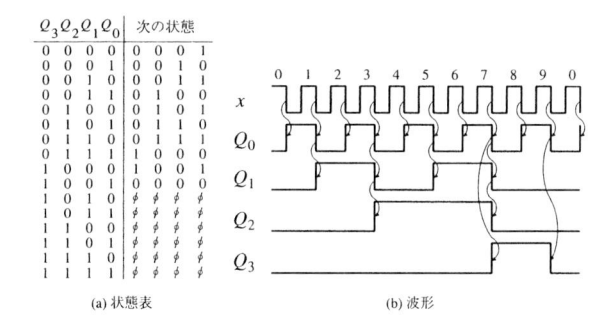

図 A.16

[3] カウンタの 2 つのフリップフロップの出力を Q_1, Q_2 とする．図 A.17(a) の状態表と同図 (b) の制御条件表から同図 (c) の励起表を作れば，$J_1 = uQ_2 + d\overline{Q_2}$, $K_1 = u + d$, $J_2 = u\overline{Q_1} + dQ_1$, $K_2 = u + d$ となり，同図 (c) の回路が得られる．

[4] 演習問題 [2] のカウンタは 10 進数カウンタであるから，4 ビットのエッジ

Q_1Q_2 \ ud	00	01	11	10
00	00	10	--	01
01	01	00	--	10
11	--	--	--	--
10	10	01	--	00

(a) 状態表 (-：組合せ禁止)

Q^n	Q^{n+1}	J^n	K^n
0	0	0	ϕ
0	1	1	ϕ
1	1	ϕ	0
1	0	ϕ	1

(b) JKフリップフロップの制御条件表

(c) 図9.9の回路の状態表

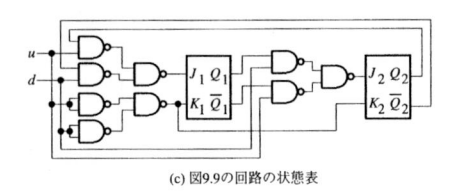

図 A.17

トリガ形フリップフロップの縦続接続により構成される 16 進カウンタを，10 を計数した直後強制的に 0 に復帰させるように変形すれば良い (図 A.18 参照) $((Q_4, Q_3, Q_2, Q_1) = (0,0,0,0)$ から $(1,0,1,0)$ まで計数したとき，G_1 の出力により $(0,0,0,0)$ にリセットされる).

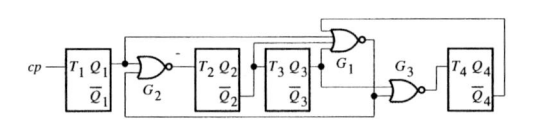

図 A.18

[5] $(Q_0, Q_1, Q_2, Q_3) = (0,0,0,0)$ から出発すると図 A.19(a) のように遷移する．また，同図 (a) に含まれない状態から出発すると同図 (b), (c), (d), (e) が得られる (( ) 内は 10 進数表示)．同図 (a)〜(e) から同図 (f) の状態図 (10 進数表示) が得られる．

[6] 系列は表 A.5 の通り．

第 11 章

[1] 省略．

[2] アドレスを $b_9 \sim b_0$ とする．メモリ構成は図 A.20 の通り．

[3] C_C および $C_{\overline{C}}$ への書込み完了時刻を $t = 0$ とすると，その後の両者の端子間電圧 $V_C(t)$ および $V_{\overline{C}}(t)$ は，次式で与えられる．

$$V_C = Ee^{-t/\tau}$$

演習問題の解答

	$Q_0Q_1Q_2Q_3$	(2)	0	0	1	0	(5)	0	1	0	1
(0)	0 0 0 0	(9)	1	0	0	1	(2)	0	0	1	0
(8)	1 0 0 0	(12)	1	1	0	0					
(12)	1 1 0 0		(b)					(d)			
(14)	1 1 1 0										
(15)	1 1 1 1										
(7)	0 1 1 1	(4)	0	1	0	0	(6)	0	1	1	0
(3)	0 0 1 1	(10)	1	0	1	0	(11)	1	0	1	1
(1)	0 0 0 1	(13)	1	1	0	1	(5)	0	1	0	1
(0)	0 0 0 0	(14)	1	1	1	0					
	(a)		(c)					(e)			

②-⑤-⑪-⑥
⑨-⑬-⑩-④
⓪-⑧-⑫-⑭-⑮-⑦-③-①

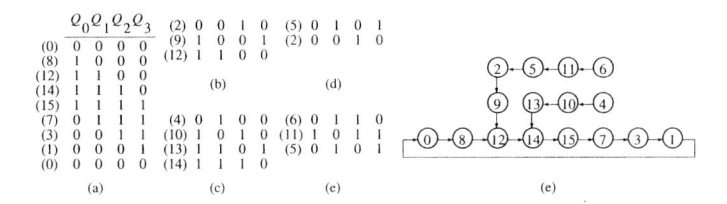

(e)

図 A.19

表 A.5

0 0 0 1
1 0 0 0
0 1 0 0
0 0 1 0
1 0 0 1
1 1 0 0
0 1 1 0
1 0 1 1
0 1 0 1
1 0 1 0
1 1 0 1
1 1 1 0
1 1 1 1
0 1 1 1
0 0 1 1
0 0 0 1

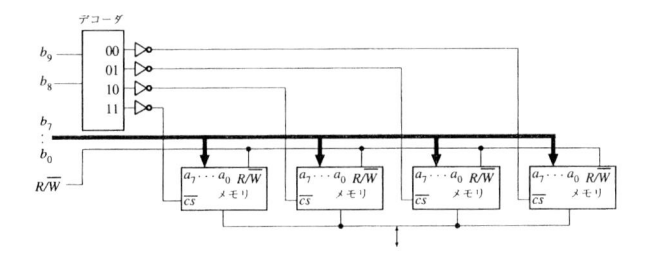

図 A.20

$$V_{\overline{C}}(t) = E(1 - e^{-t/\tau})$$

増幅器の増幅率が A であるから, V_C, $V_{\overline{C}}(t)$ の差が E/A となると, 再生不可能となる. これが生起する時刻 t_0 は, 上式から,

$$t_0 = -\tau \ln 0.5(1 + \frac{1}{A}).$$

[4] 図 11.12 の $a_3 \sim a_0$ にそれぞれ $x_3 \sim x_0$ を印加するものとすれば, 図 A.21 の通り.

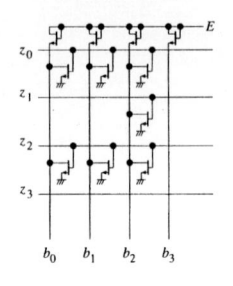

図 A.21

第 12 章

[1] s が大きいと量子化誤差が大きくなるのに対し,標本化のくり返し周期が大きくなると高い周波数の信号が再現できなくなる.

[2] 標本値は $f(m/W) = A\sin(2\pi m + \phi)$ となって,一定の電圧 $A\sin(\phi)$ を標本化したものと変らない.

[3] D 桁の 2 の補数表現では,その表現の値は $l = -l_{D-1}2^{D-1} + l_{D-2}2^{D-2} + l_{D-3}2^{D-3} + \cdots + l_0 2^0$. 本式と式 (12.3) を比較すれば,2 の補数表現の DA 変換のためには,図 12.6 の回路で,最上位ビットの参照電圧のみを $-V_R$ になるようにすればよいことがわかる.図 12.7 の回路も同様である.

[4] 図 12.12 の回路において,各比較器の参照電圧を発生している抵抗回路の接地端子を $V_- = (-1/2)2^D v_R/(2^D - 1)$ の電圧に,参照電圧に接続している端子を $V_+ = V_- + V_R$ の電圧に固定し,エンコーダ出力の MSB の反転が,補数表現における符号ビット(最上位ビット)になるように変更すればよい.

索　引

ア　行

RS フリップフロップ　122, 123
I^2L 論理ゲート　51
アクセス　172
アクセスタイム　172
アナログ回路　1

EEPROM　181
EPROM　181
イオン注入プログラミング方式　178
1 の補数表現　102

AD 変換器　184, 191
SR ラッチ　120
エッジトリガ形フリップフロップ　129
nMOS 論理ゲート　57
FPGA　149, 164
エミッタ結合論理ゲート　51, 56
エミッタ接地電流増幅率　8
エミッタフォロワ　18, 56
エンコーダ　89
演算増幅器　28, 188
エンドアラウンドシフトレジスタ　161
エンハンスメント型 MOSFET　15

オープンコレクタ形式　54
オーム領域　13
重み抵抗型 DA 変換器　189

カ　行

カウンタ　149
書換え可能型プログラマブル ROM　169, 181
書換え不能型プログラマブル ROM　169, 180
可逆カウンタ　160
可逆シフトレジスタ　152
拡散層プログラミング方式　178
活性領域　8
カルノ図　75
完全系　72
簡単化　75, 78
貫通電流　24

記憶素子　118
疑似ランダムパターン発生器　163
基本論理ゲート　48, 49
逆方向抵抗　3
逆方向電圧　2
逆方向電流　2
逆方向飽和電流　2
行アドレス　171
行アドレスデコーダ　171
行アドレスレジスタ　175
競合処理回路　184, 187

空乏層容量　5
組合せ論理回路　65

索引

組合せ禁止　74
クランパ　32
クリッパ　30
Gray 符号　91, 92
Gray コードコンバータ　92
クロックパルス　122
クワイン=マクラスキーの方法　75

計数型 AD 変換器　192
ゲート容量　15
桁上げ生成回路　108
桁上げ生成関数　107
桁上げ先見回路　108
桁上げ先見加算器　105, 108
桁上げ伝搬関数　107

降伏電圧　2
コードコンバータ　91
コレクタ-エミッタ間飽和電圧　9
コントロールゲート　182
コンパレータ　96

サ　行

最簡形式　75
最小項　69
最大項　69
差動増幅回路　33
算術演算回路　102
算術論理演算装置 (ALU)　102, 113

CMOS 回路　23
CMOS 3 ステートバッファ　59
CMOS ラッチ　121
CMOS 論理ゲート　58
JK フリップフロップ　122, 125
しきい値電圧　13
時定数　23
シフタ　88
シフトレジスタ　151
遮断状態　4
遮断領域　8

主項　76, 78
出力関数　66, 137
出力抵抗　17
シュミットトリガ回路　33
順次桁上げ加算器　105
順序回路　65, 136, 138
純 2 進カウンタ　155
純 2 進符号　89
順方向抵抗　3
順方向電圧　2
順方向電流　2
少数キャリア　5
状態図　139
状態遷移関数　137
状態遷移図　139
状態表　139
状態割当て　143
消費電力　61
ジョンソンカウンタ　162
シンクロナイザ　186
振幅再生　22
真理値表　49

水晶発振回路　46
スイッチング特性　5
スタティックカラムモード　176
スタティック RAM　168, 170
スピードアップ容量　22
スライサ　32
3 ステートバッファ　55
スレーブラッチ　127

正帰還　33
制御条件表　141
静特性　2
正論理　48
積項　69
積分回路　26
積和形　75
積和形回路　81
積和標準形　70
接合破壊方式　180

接合容量 5
セットアップタイム 131
全加算器 104

双安定マルチバイブレータ 43
双方向ゲート 59

タ 行

帯域制限信号 187
ダイオード論理ゲート 50, 51
ダイナミックシフトレジスタ 176
ダイナミック RAM 168, 173
立上り時間 10, 61
立下り時間 10, 61
単安定マルチバイブレータ 41, 132
単傾斜計数型 AD 変換器 193

逐次比較型 AD 変換器 192
蓄積時間 6
蓄積容量 5
チャンネル 12
直並列変換器 152
直列加算器 136

ツェナー電圧 2

DA 変換器 184, 188
D フリップフロップ 122, 124
T フリップフロップ 122, 125
抵抗・トランジスタ論理ゲート 51
ディジタル回路 1
定常状態 26
定電流領域 13
デコーダ 89
ディプレッション型 MOSFET 15
デマルチプレクサ 84, 86
デューティサイクル 132
電圧比較回路 33
伝達ゲート 59
伝搬遅延時間 61
伝搬遅延時間・消費電力積 61

電流切換え論理ゲート 56

動作点 3
導通状態 3
トーテムポール形式 54
特性方程式 140
トグル動作 199
ド・モルガンの定理 67
トランジスタ・トランジスタ論理ゲート 51, 52

ナ 行

内部状態 138
雪崩降伏 2
7 セグメントデコーダ 92, 95
7 セグメント符号 92
NAND ラッチ 120

2 進エンコーダ 89
2 進デコーダ 91
2 の補数表現 102
入力抵抗 17

NOR ラッチ 120
ノイズマージン 62

ハ 行

ハイインピーダンス状態 56
バイポーラトランジスタ 6
バイポーラトランジスタ論理ゲート 50
バイポーラ論理ゲート 48, 50
配列型乗算器 112
波形整形 20
梯子型 DA 変換器 190
発光ダイオード 92, 95
バッファ 56
パルス回路 1
半加算器 104
半導体メモリ 168

PN接合ダイオード 1
PLA 98
BCDコードコンバータ 92, 93
BCD符号 92, 93
pMOS論理ゲート 57
必須項 78
微分回路 24
非飽和型論理ゲート 50
ヒューズ方式 180
標本化 187
標本化定理 187

FIFO 152
FAMOS 182
ファンアウト 62
ブートストラップ回路 29
ブール代数 66
負荷直線 3
負荷方程式 3
復号 89
符号化 89, 188
符号付絶対値表現 102
プライオリティエンコーダ 90
プリチャージ 174
フリップフロップ 118, 121, 122, 140
フローティングゲート 182
フローティング状態 56
フローティングMOS 182
プログラマブルROM 169, 180
負論理 48

並直列変換器 152
並列カウンタ 157
並列型AD変換器 193
並列レジスタ 149
ベース-エミッタ間飽和電圧 9

飽和型論理ゲート 50
飽和領域 8
ホールドタイム 131

マ 行

マスクROM 169, 178
マスタスレーブ形フリップフロップ 127
マスタラッチ 127
マルチエミッタトランジスタ 52
マルチプレクサ 84

ミーリー形順序回路 137
ミラー積分回路 28

無安定マルチバイブレータ 37, 132
ムーア形順序回路 137

メタステーブル動作 185
メモリセル 168
メモリセルアレー 168

MOSFET 12
MOS負荷 14
MOS論理ゲート 48, 57

ヤ 行

有向枝 139

ラ 行

ラッチ 118
RAM 168

リップルカウンタ 155
リフレッシュ 178
リミッタ 31
量子化 187
リングカウンタ 161

励起関数 144
励起関数表 145
レジスタ 149
列アドレス 171

列アドレスデコーダ　171
列アドレスレジスタ　175
レベルシフトダイオード　4

ROM　168
論理演算　66
論理演算回路　102
論理回路　65
論理関数　66
論理機能表　120
論理振幅　62

論理変数　66

ワ行

ワード線　169
ワイアード AND　55
和項　69
和積形　75
和積形回路　81
和積標準形　70

著者略歴

岡本卓爾（おかもとたくじ）

- 1935年　岡山県に生まれる
- 1958年　大阪大学工学部通信工学科卒業
- 現　在　岡山大学工学部電子理科工学科教授
　　　　　工学博士

森川良孝（もりかわよしたか）

- 1945年　愛媛県に生まれる
- 1971年　大阪大学工学部電子工学科修士課程修了
- 現　在　岡山大学工学部通信ネットワーク工学科教授
　　　　　工学博士

佐藤洋一郎（さとうよういちろう）

- 1959年　岡山県に生まれる
- 1984年　岡山大学大学院工学研究科修士課程修了
- 現　在　岡山県立大学情報工学部情報システム工学科准教授
　　　　　工学博士

入門電気・電子工学シリーズ 6
入門ディジタル回路　　　　　　　　定価はカバーに表示

2001年 4月10日　初版第 1 刷
2024年 8月25日　　　第15刷

著　者	岡　本　卓　爾
	森　川　良　孝
	佐　藤　洋一郎
発行者	朝　倉　誠　造
発行所	株式会社　朝　倉　書　店

東京都新宿区新小川町6-29
郵便番号　162-8707
電話　03 (3260) 0141
FAX　03 (3260) 0180
https://www.asakura.co.jp

〈検印省略〉

© 2001〈無断複写・転載を禁ず〉

印刷・製本　デジタルパブリッシングサービス

ISBN 978-4-254-22816-8　C3354　　Printed in Japan

JCOPY 〈出版者著作権管理機構 委託出版物〉
本書の無断複写は著作権法上での例外を除き禁じられています．複写される場合は，そのつど事前に，出版者著作権管理機構（電話 03-5244-5088, FAX 03-5244-5089, e-mail: info@jcopy.or.jp）の許諾を得てください．

好評の事典・辞典・ハンドブック

物理データ事典	日本物理学会 編	B5判 600頁
現代物理学ハンドブック	鈴木増雄ほか 訳	A5判 448頁
物理学大事典	鈴木増雄ほか 編	B5判 896頁
統計物理学ハンドブック	鈴木増雄ほか 訳	A5判 608頁
素粒子物理学ハンドブック	山田作衛ほか 編	A5判 688頁
超伝導ハンドブック	福山秀敏ほか 編	A5判 328頁
化学測定の事典	梅澤喜夫 編	A5判 352頁
炭素の事典	伊与田正彦ほか 編	A5判 660頁
元素大百科事典	渡辺 正 監訳	B5判 712頁
ガラスの百科事典	作花済夫ほか 編	A5判 696頁
セラミックスの事典	山村 博ほか 監修	A5判 496頁
高分子分析ハンドブック	高分子分析研究懇談会 編	B5判 1268頁
エネルギーの事典	日本エネルギー学会 編	B5判 768頁
モータの事典	曽根 悟ほか 編	B5判 520頁
電子物性・材料の事典	森泉豊栄ほか 編	A5判 696頁
電子材料ハンドブック	木村忠正ほか 編	B5判 1012頁
計算力学ハンドブック	矢川元基ほか 編	B5判 680頁
コンクリート工学ハンドブック	小柳 洽ほか 編	B5判 1536頁
測量工学ハンドブック	村井俊治 編	B5判 544頁
建築設備ハンドブック	紀谷文樹ほか 編	B5判 948頁
建築大百科事典	長澤 泰ほか 編	B5判 720頁

価格・概要等は小社ホームページをご覧ください.